高职高专计算机教学改革

# Python
# 语言及其应用

宋雅娟　陆公正　主　编

尚鲜连　朱敏　程媛　副主编

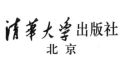

清華大學出版社

北　京

## 内 容 简 介

  本书以 Turtle 库的图形动画游戏"运动中的中国结"作为教学案例,按照自顶向下的软件开发过程,在使用函数定义各个模块后,再将各个模块使用控制结构、复合数据类型、文件及字符串内容进行扩展,力图帮助读者实现对各部分知识点的融会贯通。除 Python 基础知识外,本书还对图像处理、数据分析、网络爬虫等进行了知识讲解和案例分析,以进一步将 Python 语言知识进行综合运用,从而提高读者的实践及应用能力。

  本书适合初学 Python 语言的读者使用,可作为高等院校的相关专业教材,也可作为对 Python 感兴趣读者的自学参考用书。

**图书在版编目(CIP)数据**

Python 语言及其应用/宋雅娟,陆公正主编.—北京:清华大学出版社,2022.6
高职高专计算机教学改革新体系教材
ISBN 978-7-302-60614-7

Ⅰ. ①P… Ⅱ. ①宋… ②陆… Ⅲ. ①软件工具-程序设计-高等职业教育-教材 Ⅳ. ①TP311.561

中国版本图书馆 CIP 数据核字(2022)第 064517 号

责任编辑:颜廷芳
封面设计:常雪影
责任校对:刘 静
责任印制:曹婉颖

出版发行:清华大学出版社
    网  址:http://www.tup.com.cn,http://www.wqbook.com
    地  址:北京清华大学学研大厦 A 座    邮  编:100084
    社 总 机:010-83470000    邮  购:010-62786544
    投稿与读者服务:010-62776969,c-service@tup.tsinghua.edu.cn
    质量反馈:010-62772015,zhiliang@tup.tsinghua.edu.cn
    课件下载:http://www.tup.com.cn,010-83470410
印 刷 者:北京富博印刷有限公司
装 订 者:北京市密云县京文制本装订厂
经  销:全国新华书店
开  本:185mm×260mm  印  张:11.5    字  数:290 千字
版  次:2022 年 8 月第 1 版    印  次:2022 年 8 月第 1 次印刷
定  价:39.00 元

产品编号:092013-01

# 前言

**FOREWORD**

Python 作为计算机软件专业的新课程,在许多领域得到了广泛的应用。本书面向 Python 的初学者,选择基于 Turtle 库的图形动画游戏"运动中的中国结"作为教学案例,将案例的各个模块分解成每个知识点贯穿在各章节中,用以讲述 Python 的基本知识。除 Python 语言的基本知识外,本书还对图像处理、数据分析、网络爬虫等方面进行了知识讲解和案例分析,以进一步将 Python 语言知识进行综合运用,从而提高读者的实践及应用能力。

本书共 9 章,主要包括 Python 的基本语法、模块化程序设计、程序控制结构、列表与元组、字典、字符串与文件、正则表达式、网络爬虫、图像处理、数据分析等内容。每章以任务为导向,将相关知识点融入每个任务中,并在每章的小结部分对章节的内容进行了归纳和总结。本书配有大量的案例讲解视频,读者可自行扫二维码观看。

本书由宋雅娟、陆公正任主编,尚鲜连、朱敏、程媛任副主编,其中第 1 章、第 3 章由宋雅娟编写,第 2 章、第 4 章由朱敏编写,第 5 章、第 7 章、第 9 章由陆公正编写,第 6 章由尚鲜连编写,第 8 章由程媛编写,全书由宋雅娟负责统稿。

在本书的编写过程中,我们得到了苏州市职业大学计算机软件技术专业所有老师的大力支持和帮助,并为本书提出了宝贵的建议,在此表示衷心的感谢。

在本书的编写过程中,我们参考了许多同行的著作以及示例程序,在此对相关作者表示感谢。同时也感谢为本书提供直接或间接帮助的每一位朋友,正是你们的帮助和鼓励促成了本书的顺利完成。

我们对书中涉及的每一个模块和案例进行了精心地设计和反复的修改,主要目的是让读者快速上手 Python 这一跨平台程序设计语言,但由于水平有限,书中难免会有不足之处,恳请读者批评、指正。

宋雅娟

2022 年 3 月

# 目 录

CONTENTS

# 认识 Python

【学习目标】

(1) 了解 Python 特点和用途。

(2) 掌握 Python 环境的搭建。

(3) 了解综合案例内容及要求。

## 任务 1.1　了解 Python

### 1.1.1　Python 语言的特点

Python 语言诞生于 1989 年,是由吉多·范罗苏姆开发的一种面向对象、解释型、弱类型的脚本语言,也是一种功能强大而完善的通用型语言。

它的主要特点如下。

(1) 通用性。Python 语言几乎可以用于任何与程序设计相关应用的开发。

(2) 语法简洁、易学。Python 语言主要用来精确表达问题逻辑,更接近自然语言,只有 33 个保留字,十分简洁。

(3) 面向对象。Python 语言既支持面向过程,也支持面向对象,提供了类、对象、继承、重载、多态等编程机制。

(4) 丰富的扩展库。Python 提供了丰富的标准库,可以满足各种编程场景的应用,如数据分析与挖掘、图像处理、网络爬虫等。

### 1.1.2　了解 Python 语言的应用领域

Python 具有丰富和强大的库。它常被戏称为“胶水语言”,因为使用 Python 能够把用其他语言制作的各种模块(尤其是 C/C++)很轻松地联结在一起。常见的一种应用情形是使用 Python 快速生成程序的原型(有时甚至是程序的最终界面),然后对其中有特别要求的部分,用更合适的语言加以改写,比如 3D 游戏中的图形渲染模块,性能要求特别高,就可以先用 C/C++重写,而后封装为 Python 可以调用的扩展类库。Python 的应用领域非常广泛,其主要应用包括但不限于以下领域。

(1) 系统编程。提供 API(Application Programming Interface,应用程序编程接口),能方便进行系统维护和管理,Linux 下标志性语言之一,是很多系统管理员理想的编程工具。

(2) 图形处理。提供 PIL、Tkinter 等图形库支持,能方便地进行图形处理。

(3) 数学处理。NumPy 扩展提供大量标准数学库的接口。

(4) 文本处理。Python 提供的 re 模块能支持正则表达式,同时还提供 SGML、XML 分析模块,许多程序员利用 Python 可方便地进行 XML 程序的开发。

（5）数据库编程。程序员可通过遵循 Python DB-API(数据库应用程序编程接口)标准的模块与 SQL Server、Oracle、Sybase、DB2、MySQL、SQLite 等数据库进行通信。Python 自带 Gadfly 模块,提供了一个完整的 SQL 环境。

（6）网络编程。提供丰富的模块支持 Sockets 编程,能方便快速地开发分布式应用程序。很多大规模软件开发计划,如 Zope、Mnet、BitTorrent 及 Google 都在广泛地使用 Python。

（7）Web 编程。应用的开发语言,支持最新的 XML 技术。

（8）多媒体应用。Python 的 PyOpenGL 模块封装了 OpenGL 应用程序编程接口,利用该模块能进行二维和三维图像处理。另外,PyGame 模块可用于编写游戏软件。

（9）数据分析与处理。Python 拥有一系列比较完善的数据分析与处理的标准库,其中 Matplotlib 经常会被用来绘制数据图表,它是一个 2D 绘图工具,可以完成直方图、散点图、折线图、条形图等的绘制。Pandas 是基于 Python 的一个数据分析工具,该工具是为了解决数据分析任务而创建的,拥有大量类库和一些标准的数据模型,提供了可高效操作大型数据集所需的工具。

# 任务 1.2　Python 语言开发环境搭建与使用

Spyder 是一个简单的 Python 开发集成环境,Python 的 Anaconda 版本中则集成了对 Spyder 的支持。Anaconda 是一个开源的 Python 发行版本,是一款集成的 Python 环境,安装 Anaconda 后就默认安装了 Python、IPython、集成开发环境 Spyder 和众多的包和模块。如在安装过程中选择一键安装,软件包则包含了 Python 等 180 多个科学包及依赖项,其最大的特点就是可以便捷获取包,且能方便地对包及其版本进行管理。

（1）下载 Anaconda。Anaconda 可以从官网 https://www.anaconda.com/distribution/下载,也可以从清华大学镜像网站下载,对于速度而言,国内镜像下载比较快。清华大学的镜像网址为 https://mirrors.tuna.tsinghua.edu.cn/anaconda/archive/,选择 Anaconda3-5.0.0-Windows-x86_64.exe,如图 1-1 所示。

| | | |
|---|---|---|
| Anaconda3-5.0.0-Linux-ppc64le.sh | 296.3 MiB | 2017-09-27 05:31 |
| Anaconda3-5.0.0-Linux-x86.sh | 429.3 MiB | 2017-09-27 05:43 |
| Anaconda3-5.0.0-Linux-x86_64.sh | 523.4 MiB | 2017-09-27 05:43 |
| Anaconda3-5.0.0-MacOSX-x86_64.pkg | 567.2 MiB | 2017-09-27 05:31 |
| Anaconda3-5.0.0-MacOSX-x86_64.sh | 489.9 MiB | 2017-09-27 05:34 |
| Anaconda3-5.0.0-Windows-x86.exe | 415.8 MiB | 2017-09-27 05:34 |
| Anaconda3-5.0.0-Windows-x86_64.exe | 510.0 MiB | 2017-09-27 06:17 |
| Anaconda3-5.0.0.1-Linux-x86.sh | 429.8 MiB | 2017-10-03 00:33 |
| Anaconda3-5.0.0.1-Linux-x86_64.sh | 524.0 MiB | 2017-10-03 00:34 |
| Anaconda3-5.0.1-Linux-x86.sh | 431.0 MiB | 2017-10-26 00:41 |
| Anaconda3-5.0.1-Linux-x86_64.sh | 525.3 MiB | 2017-10-26 00:42 |
| Anaconda3-5.0.1-MacOSX-x86_64.pkg | 568.9 MiB | 2017-10-26 00:42 |
| Anaconda3-5.0.1-MacOSX-x86_64.sh | 491.0 MiB | 2017-10-26 00:42 |
| Anaconda3-5.0.1-Windows-x86.exe | 420.4 MiB | 2017-10-26 00:44 |
| Anaconda3-5.0.1-Windows-x86_64.exe | 514.8 MiB | 2017-10-26 00:45 |
| Anaconda3-5.1.0-Linux-ppc64le.sh | 285.7 MiB | 2018-02-15 23:22 |

图 1-1　清华大学镜像网址文件选择页面

（2）安装 Anaconda。下载完成后,双击安装文件,弹出的界面如图 1-2 所示。

单击 Next 按钮,打开如图 1-3 所示的对话框,在 Advanced Options 栏中不要选中 Add

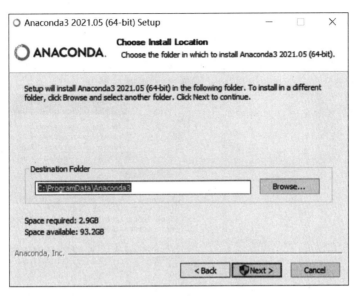

图 1-2　Anaconda3 安装界面

Anaconda3 to the system PATH environment variable(添加 Anaconda 至系统环境变量)复选框。因为如果选中该复选框，则将会影响其他程序的使用。如果使用 Anaconda，则通过打开 Anaconda Navigator 或者开始菜单中的 Anaconda Prompt(类似 Mac OS 中的"终端")即可。

为了让其他相关程序，如一些 Python 开发环境，能够自动检测 Anaconda，请选中 Register Anaconda3 as the system Python 3.8 复选框。如图 1-3 所示。

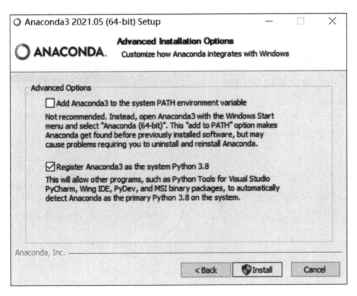

图 1-3　Advanced Installation Options 窗口

然后单击 Install 按钮开始安装。如果想要查看安装细节，则可以单击 Show Details 按钮。安装完成后则可以启动 Spyder。选择"开始"｜Anaconda3｜Spyder，便可以打开 Spyder 环境开发窗口，如图 1-4 所示。

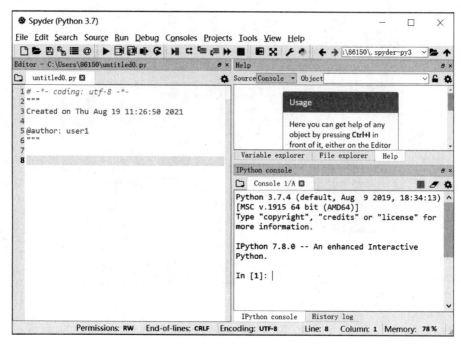

图 1-4　Spyder 开发窗口

在右下角的 Console 区输入 Python 命令后按 Enter 键,即可获得交互式结果。如图 1-5 所示,在 Console 区输入 print(3+4)命令后按 Enter 键,即可获得输出结果 7。

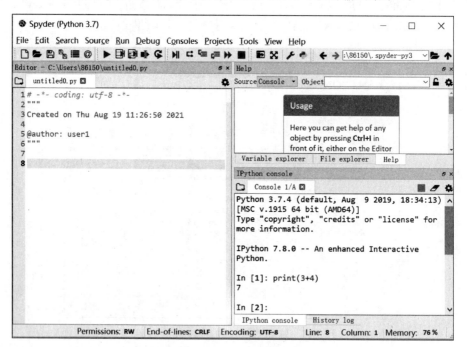

图 1-5　Console 交互命令区

位于窗口左侧编辑区的文件 untittled0.py 即为当前可编辑的 Python 程序文件,可以在其中写入 Python 程序后,单击菜单 Run|Run,会要求先保存文件,输入自定义文件名 lesson1

并进行保存后,即可在 Console 区看到运行结果,如图 1-6 所示。

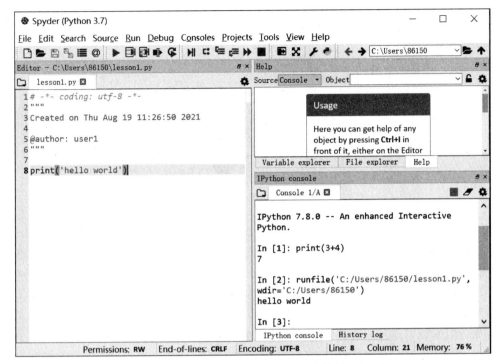

图 1-6 Python 程序编辑及运行结果

## 任务 1.3 Python 程序运行方式

Python 程序有两种运行方式,即交互式和文件式。

交互式是指利用 Python 解释器即时响应用户输入的代码并输出结果,在学习使用单个语句命令时,这种方式尤为方便易用。如 1.2 节中的图 1-5 展示了交互式的运行方式。

文件式是指先将代码编写成 Python 程序(扩展名为.py),然后启动解释器将源代码转换为字节码(扩展名为.pyc),之后将字节码转发到 Python 虚拟机中解释执行。如 1.2 节中的图 1-6 展示了 Python 程序的文件式运行方式。

## 任务 1.4 本书综合案例简介

任务 1.4

Python 支持很多开源扩展库,Turtle 是其中一个,它可以控制小海龟在屏幕上移动进行绘图。使用 Turtle 库中提供的函数可以实现在屏幕上绘制静态图形、动画的制作及程序与用户的实时交互。

为了综合运用 Python 知识,本书中提供了一个基于 Turtle 库的图形动画程序作为贯穿案例,其效果如图 1-7 所示。图中有四个中国结、一个长木板、一段文字及一个作为场景图形的小树林。其中四个中国结画法一致,但初始时大小位置不同,在运行时,四个中国结会按一定速度上下运动,到达上下边界后反向运动。通过按键 A、D 可以控制木板左右移动,在与中国结相遇时,中国结会停留在上面。当用户使用按键移动木板离开中国结范围时,中国结会继

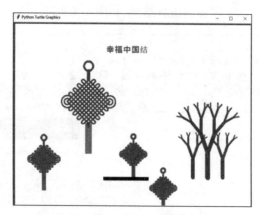

图 1-7    图形动画综合案例示意图

续下落。木板成为一个控制中国结是否下落的变因,从而完成用户对动画的控制,类似于游戏中玩家对游戏的控制。此程序涉及图形的绘制、动画的基本元素、动画交互的基本元素等相关知识,简单易学。整个案例的实现被分解成各个知识模块并贯穿于各个章节中,有助于基础知识的学习和运用,并可在此基础上扩展,从而能够制作复杂的动画和游戏程序。

在第 3 章中会使用模块化程序设计方法将单个中国结的绘制分解成主要函数,并调用 Turtle 库绘图函数实现各模块基本组成部分。在第 4 章会对各函数使用选择结构、循环结构进行扩充、完善,从而实现完整单个中国结的绘制及运动。在第 5 章会应用元组、列表、字典等数据结构扩展程序,用来实现多个中国结的生成及运动控制。在第 6 章会应用字符串、文件等实现中国结参数的动态输入获取,从而增加程序的灵活性。在完成案例开发的过程中既可学习 Python 的基本知识,又可以依据所学知识设计自己的动画和游戏程序,从而培养综合程序设计开发的能力。

# 小    结

本章介绍了 Python 语言的特点和用途,并以 Anaconda 环境为例介绍了 Python 开发环境的搭建过程及使用方法,同时介绍了一个贯穿案例的运行效果及主要绘制过程。通过本章的学习,相信你已经掌握了 Python 语言工作环境的搭建方法,并了解了学习的主要目标,可以展开有趣的学习旅程了。

# 习    题

**一、填空题**

1. Python 是由_____、_____、_____三个主要部分组成。
2. 编写 Python 语言程序,其扩展名为_____,编译后生成的文件扩展名为_____。

**二、简答题**

1. Python 程序的运行原理是什么?
2. Python 程序运行方式有哪些?
3. Python 有哪些特点?

Chapter 2

# Python 基础知识

【学习目标】

(1) 掌握 Python 标识符的命名及注释规则。

(2) 掌握 Python 变量的定义及使用方法。

(3) 掌握 Python 的输入输出控制。

(4) 掌握 Python 的基本数据类型。

(5) 掌握 Python 的算术运算符及表达式的应用。

## 任务 2.1　学习 Python 基本语法

【任务描述】

使用 Python 语言编写程序实现中国结案例,需要按照 Python 语言的语法规则,创建变量、注释及进行基本运算等。

【任务分析】

(1) 掌握 Python 的注释规则。

(2) 掌握 Python 标识符的命名规则。

微课 2-1

### 2.1.1　注释

注释是对程序代码的解释和说明。在编写程序时,为了提高程序的可读性,让人一看就知道这段代码的作用,需要给某些重要的代码添加注释。Python 解释器会忽略注释,而且注释内容也不会影响程序的执行结果。Python 中的注释有两种,即单行注释和多行注释。

1. 单行注释

Python 中的单行注释以♯开头。

【代码 2-1】　单行注释。使用♯对一行代码进行单行注释。

```
1    # 输出中国结
2    print("中国结寓意真善美!")
```

代码说明:Python 解释器执行语句 print("中国结寓意真善美!"),输出"中国结寓意真善美!"。"♯输出中国结"是单行注释语句,不被执行。运行结果如下:

中国结寓意真善美!

## 2. 多行注释

Python 中用三个单引号('''）或者三个双引号("""）将多行注释括起来。

**【代码 2-2】** 使用三个单引号('''）的多行注释。

使用三个单引号('''）对一段代码进行多行注释。

```
1    '''
2    输出中国结
3    输出长木板
4    输出汉字
5    '''
6    print("中国结。")
7    print("长木板。")
8    print("汉字")
```

**代码说明**：使用三个单引号表示三行注释语句，即"输出中国结""输出长木板""输出汉字"。Python 解释器执行三条 print 语句，并输出结果。运行结果如下：

```
中国结。
长木板。
汉字
```

**【代码 2-3】** 使用三个双引号("""）的多行注释。

使用三个双引号("""）对一段代码进行多行注释。

```
1    """
2    输出中国结
3    输出长木板
4    输出汉字
5    """
6    print("中国结。")
7    print("长木板。")
8    print("汉字")
```

**代码说明**：使用三个双引号表示三行注释语句，即"输出中国结""输出长木板""输出汉字"。Python 解释器执行三条 print 语句，并输出结果。运行结果如下：

```
中国结。
长木板。
汉字
```

## 3. 注释的位置

为了使程序清晰易懂，注释量需要达到源程序的 20% 以上，注释一般会被使用在 Python 源程序中的以下几个方面。

（1）在 Python 文件的开头，添加安装路径和编码格式注释。

使用语句"♯！/usr/bin/env python"，告诉操作系统，先到 env 里查找 Python 的安装路径，再调用解释器运行程序。

使用语句"♯ - * - coding：utf-8- * "，告诉 Python 编译器，源程序是使用 utf-8 编码的。

（2）在安装路径和编码格式注释后，添加模块的功能说明。

```
"""
Shared support for scanning document type declarations in HTML and XHTML.
This module is used as a foundation for the html.parser module. It has no
documented public API and should not be used directly.
"""
```

（3）在类名后，添加类的说明。

```
class JSONDecodeError(ValueError):
"""
Subclass of ValueError with the following additional properties:
    msg: The unformatted error message
    doc: The JSON document being parsed
    pos: The start index of doc where parsing failed
lineno: The line corresponding to pos
colno: The column corresponding to pos
"""
```

（4）在函数名后，添加函数说明。

```
def __init__(self, filename=None, file=None, ** options):
"""
Construct a new TextFile object. At least one of 'filename'
        (a string) and 'file' (a file-like object) must be supplied.
        They keyword argument options are described above and affect
        the values returned by 'readline()'.
"""
```

（5）在重要的代码后添加注释。

```
pos=rawdata.rindex("\n", i, j)            #  Should not fail
```

## 2.1.2　Python 标识符

微课 2-2

　　在编写 Python 程序时，需要给常量、变量、函数、模块等对象命名，这种用于标识对象的名字被称为标识符。在 Python 语言中，标识符必须遵守命名规则，即标识符可以包括英文、数字以及下划线（_），但不能以数字开头，且标识符区分大小写。例如，以下是合法的标识符：indent、check_environ、__init__、indent2、apple、APPLE。注意，apple 与 APPLE 是两个不同的标识符。

　　为了提高程序的可读性、可维护性、可重用性，降低程序出错的可能性，在遵守 Python 标识符命名规则的基础上，建议遵循以下约定：

- 项目的命名建议使用单词首字母大写，如 MyProject。
- 文件的命名建议使用小写，可以使用下划线，如 file_util。
- 模块的命名建议使用小写字母，且简短，尽量不使用下划线，如 util。
- 包的命名建议使用小写字母，且简短，不使用下划线，如 numpy。
- 类的命名建议使用单词首字母大写，如 StrictVersion。
- 私有类的命名建议使用下划线开头，如_StrictVersion。

- 常量的命名建议使用大写字母,如有多个单词,可以使用下划线隔开,如 PI=3.14159。
- 函数的命名建议使用小写字母,如有多个单词,可以使用下划线隔开,如 create_static_lib。
- 异常的命名建议使用 Error 作为后缀,如 KeyError。
- 全局变量的命名建议使用大写字母,如有多个单词,可以使用下划线隔开,如 MY_PATH。
- 普通变量的命名建议使用小写字母,如有多个单词,可以使用下划线隔开,如 realm。
- 只读对象的命名建议使用小写字母,并在开头和结尾添加下划线,如_id_。

在 Python 语言中,有些标识符已经被赋予了特定的含义,已被 Python 语言内部定义并保留使用,称为保留字。程序员在为变量、函数、类、模板等对象命名时,不能使用保留字。Python 的保留字有:and、as、assert、break、class、continue、def、del、elif、else、except、finally、for、from、False、global、if、import、in、is、lambda、nonlocal、not、None、or、pass、raise、return、try、True、while、with、yield。

Python 中的保留字同样区分大小写,如 if 是保留字,而 IF 不是保留字。

# 任务2.2   变量与输入/输出控制

## 【任务描述】
在中国结案例中,通过变量记录中国结的尺寸并显示位置的 x 坐标、y 坐标。

## 【任务分析】
(1) 掌握变量的定义及使用方法。
(2) 掌握变量的输入输出方法。

### 1. 变量的简单赋值

微课 2-3

中国结的结心红线尺寸以及基准点的横纵坐标的值,根据不同的应用需求,可以灵活改变,这种值可以变化的量,称为变量。Python 语言实现变量的方法是,在计算机内存中开辟一个空间存放"值",并将该内存空间的地址存放在另一个内存空间中,这个存放地址的内存空间就是变量。

现在通过 Python 语言实现一个结心红线尺寸为 100 且基准点横坐标为-200、基准点纵坐标为 200 的中国结。首先,按照标识符的命名规则,为中国结的基准点横纵坐标及结心红线尺寸分别取名为 x、y、size,然后为三个变量分别赋予一个值。变量赋值的语句格式为:变量名=变量值。

**【代码 2-4】** 变量的简单赋值。

```
1    x=-200           # 变量 x 赋值为-200
2    y=200            # 变量 y 赋值为 200
3    size=100         # 变量 size 赋值为 100
```

**代码说明:**"="是赋值符号,它将右边的值赋给左边的变量,Python 语言中变量要赋值后才能在内存中创建。在 Python 语言中,变量没有数据类型,同一个变量可以赋值任何数据,变量通过对内存地址的引用实现值的读取和修改。变量的简单赋值结果如图 2-1 所示。

变量可以多次赋值,并保留最新一次的赋值。例如,需要将中国结的结心红线尺寸修改为80,可以重新为变量 size 赋值,即 size=80,变量多次赋值结果如图 2-2 所示。

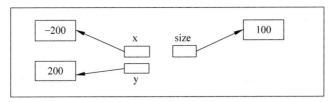

图 2-1 变量的简单赋值结果

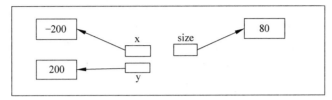

图 2-2 变量多次赋值结果

### 2. 变量的多重赋值

Python 允许同时为多个变量赋值,语句格式为

变量 1,变量 2,…,变量 n=变量值

例如,x 坐标为 100,y 坐标为 100,可以用一条赋值语句实现。

【代码 2-5】 变量的多重赋值。

```
1    x=y=100
```

**代码说明**:在内存中开辟一个空间存放 100,两个变量引用同一个内存地址空间。

### 3. 变量的序列赋值

Python 可以同时为多个变量分别赋值,语句格式为

变量 1,变量 2,…,变量 n=变量值 1,变量值 2,…,变量值 n

例如,中国结基准点的横纵坐标分别为 0 和 100,可以用一条赋值语句实现。

【代码 2-6】 变量的序列赋值。

```
1    x,y=0,100
```

**代码说明**:以上语句等价于"x＝0;y＝100"。

### 4. 输入

Python 语言提供内置函数 input()实现从控制台获取信息,并将信息以字符串类型返回结果。input()函数的语法为

```
input(prompt)
```

input()函数的参数见表 2-1。

微课 2-4

表 2-1 input()函数

| 参　　数 | 描　　述 |
| --- | --- |
| prompt | 字符串,代表输入前的提示 |

【代码 2-7】 输入中国结的结心红线尺寸。

```
1    input("请输入中国结的结心红线尺寸")
```

**代码说明**：语句执行时,控制台显示 input()函数中的提示字符串"请输入中国结的结心红线尺寸",并等待用户输入,运行结果如下:

请输入中国结的结心红线尺寸

此时,用户输入 150,并按 Enter 键,input()函数将把字符串 150 作为结果返回。可以将 input()函数与赋值语句结合使用,实现将键盘输入的信息赋值给变量存储,语句格式为

```
变量= input()
```

【代码 2-8】 输入中国结的结心红线尺寸并赋值给变量。

```
1    size=input("请输入中国结的结心红线尺寸")
```

**代码说明**：语句执行时,控制台显示 input()函数中的提示字符串"请输入中国结的结心红线尺寸",并等待用户输入。用户输入 150,并按 Enter 键,input()函数将把字符串 150 作为结果返回,赋值语句再将返回的结果 150 赋值给变量 size。运行结果如下:

请输入中国结的结心红线尺寸 150

运行后的内存示意图如图 2-3 所示。

5. 输出

Python 提供内置函数 print(),实现将对象转换成字符串,并输出到屏幕等输出设备上。

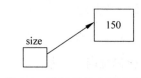

图 2-3    运行后的内存示意图

print()函数的语法为

```
print(* objects,sep=' ',end='\n',file=sys.stdout,flush=False)
```

print()函数的参数见表 2-2。

表 2-2    print()函数

| 参 数 | 描 述 |
|---|---|
| objects | 复数,表示一次可以输出多个对象,多个对象之间用逗号隔开 |
| sep | 该参数可选,当有多个对象时,对象输出时之间的分隔符默认值为 ' ' |
| end | 该参数可选,指定输出对象行尾的结束符,默认值为 '\n'(换行符) |
| file | 该参数可选,将对象写入的文件,默认为 sys. stdout |
| flush | 该参数可选,布尔值,指定输出为刷新(True)或为缓冲(False),默认为 False |

【代码 2-9】 输出常量。

```
1    print("中国结寓意真善美!")                           # 输出一个字符串对象
2    print(150)                                           # 输出一个整数
3    print("中国结的结心红线尺寸为",150)                   # 输出多个对象,对象之间用逗号隔开
4    print("中国结的结心红线尺寸为",150,sep='# ')          # 输出多个对象,输出时用# 作为分隔符
5    print("中国结的结心红线尺寸为",150,end='* ')          # 输出对象后,用* 作为结尾符
```

**代码说明**：第 3 行代码使用默认的分隔符(sep＝'),第 4 行代码使用指定的分隔符

（sep＝'＃'），前 4 行代码使用默认的结尾符（end＝'\n'），第 5 行使用指定的结尾符（end＝'＊'）。

运行结果如下：

中国结寓意真善美！
150
中国结的结心红线尺寸为 150
中国结的结心红线尺寸为＃ 150
中国结的结心红线尺寸为 150＊

**【代码 2-10】** 输出变量。

```
1    size=150
2    print(size)
3    print("中国结的结心红线尺寸为",size)
```

**代码说明**：变量 size 赋值后，print()函数输出变量 size 的值。运行结果如下：

150
中国结的结心红线尺寸为 150

# 任务 2.3　掌握数据类型

**【任务描述】**

通过编程实现用不同类型的数据表示中国结的颜色、尺寸、x 坐标、y 坐标等属性。

**【任务分析】**

掌握 Python 的基本数据类型。

现实世界中的数据有各种类型，例如，150 是整数，98.6 是浮点数，"真善美"是字符串。编程的目的是处理现实世界的各种问题，所以计算机中也要有各种数据类型。Python 的基本数据类型有以下几种。

**1. 整数**

所谓整数是指没有小数部分的数字，Python 能够处理任意大小的正整数和负整数。例如，中国结的结心红线尺寸 150 是一个整数。Python 中可以使用多种进制表示整数，见表 2-3。

微课 2-6

表 2-3　整数的各种进制表示

| 表 示 方 式 | 解　　　释 |
| --- | --- |
| 十进制形式 | 由 0～9 组成，如 150，0，−8 |
| 二进制形式 | 由 0 和 1 组成，如 01011100 |
| 八进制形式 | 由 0～7 组成，用 0o 或 0O 作为前缀，如 0o564 |
| 十六进制形式 | 由 0～9 和 A～F（或 a～f）组成，用 0x 或 0X 作为前缀，如 0xFF87 |

**2. 浮点数**

浮点数通常指小数。在计算机中，整数运算结果较为精确，而浮点数运算的结果可能会存在四舍五入的情况。例如，中国结的结心红线尺寸 98.6 是一个浮点数。浮点数有小数形式和科学记数法两种表示方法,见表2-4。

表 2-4    浮点数的表示

| 表 示 方 式 | 解　　释 |
|---|---|
| 小数形式 | 如 98.6、−23.832 |
| 科学记数法 | 格式为 $aEn(aen)$,其中,$a$ 是用十进制表示的尾数,$n$ 是用十进制表示的指数,E(或 e)是固定字符,等价于 $a×10^n$,如 3.25E−1、76.9E3 |

### 3. 布尔值

现实世界中有"真""假"两种状态,在计算机中,使用布尔类型表示这两种状态,布尔类型只有两个值,即 True 和 False。布尔类型经常用于判断条件是否成立,如果条件成立,用 True 代表;如果条件不成立,用 False 代表。在 Python 中,布尔类型是整数类型的子类,所以,True 相当于整数 1,False 相当于整数 0。布尔类型的表示见表2-5。

表 2-5    布尔类型的表示

| 表 示 方 式 | 解　　释 |
|---|---|
| True | 表示"真",相当于整数 1,如 150>98 的值为 True |
| False | 表示"假",相当于整数 0,如 6>8 的值为 False |

### 4. 复数

复数的形式为 $a+bi(a、b$ 均为实数)。其中,$a$ 为实部,$b$ 为虚部,$i$ 为虚数单位。例如,8+5i。

### 5. 字符串

微课 2-7

字符串是由若干个字符组成的集合。在 Python 中,字符串必须用双引号("")或单引号('')括起来,格式为"字符串内容",或者,'字符串内容'。字符串可以包含字母、符号、中文等所有文字。

**【代码 2-11】**    输出字符串。

```
1    str='中国结,是真善美的代表!'
2    print(str)
```

**代码说明**:将字符串赋值给变量 str,输出 str,运行结果如下:

中国结,是真善美的代表!

Python 字符串中的双引号和单引号是字符串的表示符号,不是字符串的内容。如果字符串中含有双引号或者单引号,需要进行特殊处理,否则系统会报错。

**【代码 2-12】**    字符串中含有单引号。

```
print('I'm  happy.')
```

**代码说明**:因为字符串中包含了单引号,Python 会将最近的两个单引号配对,"'I'"被当成字符串,而"m happy.'"被当成不符合语法的错误内容,所以系统报错。运行结果如下:

```
print('I'm  happy.')
         ^
SyntaxError: invalid character in identifier
```

处理方法有以下两种。

（1）在引号前加反斜杠（\）。

**【代码 2-13】**　对字符串中的单引号进行转义。

```
1    print('I\'m  happy.')
```

**代码说明**：在引号前加反斜杠（\），Python 会将引号作为普通字符。运行结果如下：

```
I'm  happy.
```

（2）使用不同的引号括起字符串。

当字符串内容中含有单引号时，使用双引号括起字符串；当字符串内容中含有双引号时，使用单引号括起字符串。

**【代码 2-14】**　对字符串中的单引号进行转义。

```
1    print("I'm  happy.")
```

**代码说明**：括起字符串的表示符号是最外面的两个双引号，中间的单引号是字符串内容，Python 将两个双引号匹配。运行结果如下：

```
I'm  happy.
```

反斜杠（\）可以作为普通字符，也可以作为转义字符，这会产生歧义。可以将字符串中的反斜杠（\）作为普通字符进行处理。

（3）对反斜杠（\）进行转义。

**【代码 2-15】**　字符串中的反斜杠（\）。

```
1    str='资料目录为 D:\365 中国结'
2    print(str)
```

微课 2-8

**代码说明**：字符串中的反斜杠（\），此时被作为转义字符。运行结果如下：

```
资料目录为 D:ō中国结
```

**【代码 2-16】**　对字符串中的反斜杠（\）进行转义。

```
1    str='资料目录为 D:\\365 中国结'
2    print(str)
```

**代码说明**：字符串中的第一个反斜杠（\）作为转义字符，将第二个反斜杠（\）转义成普通字符。运行结果如下：

```
资料目录为 D:\365 中国结
```

（4）在字符串前加 r 前缀，格式为：str1 = r'原始字符串内容'。

**【代码 2-17】**　在字符串前加 r 前缀。

```
1    str=r'资料目录为 D:\365 中国结'
2    print(str)
```

**代码说明**：在字符串前加上 r 后，所有的字符都被作为普通字符，反斜杠(\)也被作为普通字符处理。运行结果如下：

资料目录为 D:\365 中国结

当字符串无法在一行书写时，使用反斜杠(\)换行书写。

**【代码 2-18】**   使用反斜杠(\)换行书写。

```
1    str='中国结以其独特的东方神韵、\
2    丰富多彩的变化,\
3    充分体现了中国人民的\
4    智慧和深厚的文化底蕴.'
5    print(str)
```

**代码说明**：变量 str 是一个长字符串，使用反斜杠(\)换行书写，可以将 str 写成多行。输出 str，结果是一行字符串。运行结果如下：

中国结以其独特的东方神韵、丰富多彩的变化,充分体现了中国人民的智慧和深厚的文化底蕴。

当字符串是一大段文本时，称为长字符串。长字符串可以使用三个双引号("""")，或者三个单引号(''')括起来，格式为："""长字符串内容"""，或者为：'''长字符串内容'''。

微课 2-9

**【代码 2-19】**   使用三引号标记大段文本。

```
1    str='''
2    中国结不仅造型优美、色彩多样,如"吉庆有余""福寿双全"
3    "双喜临门""吉祥如意""一路顺风"与中国结组配,
4    都表示美好祝福,是赞颂以及传达衷心至诚的祈求和心愿的佳作。
5    '''
6    print(str)
```

**代码说明**：使用三引号的长字符串中可以含有双引号或者单引号。如果没有将三引号括起的字符串赋值给变量，Python 会把该字符串作为注释。运行结果如下：

中国结不仅造型优美、色彩多样,如"吉庆有余""福寿双全"
"双喜临门""吉祥如意""一路顺风"与中国结组配,
都表示美好祝福,是赞颂以及传达衷心至诚的祈求和心愿的佳作。

# 任务 2.4   运算符与表达式

**【任务描述】**
学习使用运算符与表达式完成常用运算，能够计算"中国结案例"中的相对坐标。

**【任务分析】**
(1)掌握算术运算符及位运算符。

(2)掌握关系运算及逻辑运算。

(3)掌握赋值运算符的常用操作。

(4)理解运算符的优先级。

表达式是由数字、运算符号、数字分组符号(括号)、变量等组成的,用于求值的组合。例如,2+3。Python语言支持以下类型的运算符。

1. 算术运算符

算术运算包括加法、减法、乘法、除法、乘方、开方等几种运算形式。Python中的算术运算符见表2-6。

表2-6 算术运算符

| 运算符 | 描 述 | 表达式示例 | 表达式结果 |
|---|---|---|---|
| + | 两个数相加的运算 | 7+3 | 10 |
| − | 两个数相减的运算 | 7−3 | 4 |
| * | 两个数相乘的运算 | 7 * 3 | 21 |
| / | 两个数相除的运算 | 7/3 | 2.3333333333333335 |
| // | 两个数相除,向下取整数 | 7//3 | 2 |
| ** | 幂运算,返回 $x$ 的 $y$ 次幂 | 7 ** 3 | 343 |
| % | 两个数相除,返回余数 | 7%3 | 1 |

【代码2-20】 算术运算表达式。

```
1    num1=7
2    num2=3
3    print(num1+num2)
4    print(num1-num2)
5    print(num1*num2)
6    print(num1/num2)
7    print(num1//num2)
8    print(num1**num2)
9    print(num1%num2)
```

微课2-10

代码说明:定义变量num1和num2,分别赋值为7和3,使用num1、num2构成各种算术表达式。运行结果如下:

```
10
4
21
2.3333333333333335
2
343
1
```

2. 关系运算

关系运算用于比较两个值的大小,结果为True(真)或者False(假)。Python中的关系运算符见表2-7。

表2-7 关系运算符

| 运算符 | 描 述 | 表达式示例 | 表达式结果 |
|---|---|---|---|
| == | 若左右两边的值相等,返回 True;否则返回 False | 7==3 | False |
| > | 若左边的值大于右边的值,返回 True;否则返回 False | 7>3 | True |

续表

| 运算符 | 描　　述 | 表达式示例 | 表达式结果 |
|---|---|---|---|
| < | 若左边的值小于右边的值,返回 True;否则返回 False | 7<3 | False |
| >= | 若左边的值大于或等于右边的值,返回 True;否则返回 False | 7>=3 | True |
| <= | 若左边的值小于或等于右边的值,返回 True;否则返回 False | 7<=3 | False |
| != | 若左右两边的值不相等,返回 True;否则返回 False | 7!=3 | True |

微课 2-11

【代码 2-21】　关系运算表达式。

```
1    num1=7
2    num2=3
3    print(num1==num2)
4    print(num1>num2)
5    print(num1<num2)
6    print(num1>=num2)
7    print(num1<=num2)
8    print(num1!=num2)
```

**代码说明**:定义变量 num1 和 num2,分别赋值为 7 和 3,使用 num1、num2 构成各种关系表达式。运行结果如下:

```
False
True
False
True
False
True
```

### 3. 逻辑运算

逻辑运算又称布尔运算,用于计算两个表达式的逻辑关系,结果为 True(真)或者 False(假)。Python 中的逻辑运算符见表 2-8。

表 2-8　逻辑运算符

| 运算符 | 描　　述 | 表达式示例 | 表达式结果 |
|---|---|---|---|
| and | 若左、右两个表达式的值都为 True,返回 True;否则返回 False | 9>3 and 2<4 | True |
| or | 若左、右两个表达式的值都为 False,返回 False;否则返回 True | 9<3 or 2>4 | False |
| not | 若表达式的值为 True,返回 False;若表达式的值为 False,返回 True | not 7<3 | True |

微课 2-12

【代码 2-22】　逻辑运算表达式。

```
1    print(9>3 and 2<4)
2    print(9>3 and 2>4)
3    print(9<3 and 2<4)
```

```
4    print(9<3 and 2>4)
5    print(9<3 or 2>4)
6    print(9<3 or 2<4)
7    print(9>3 or 2>4)
8    print(9>3 or 2<4)
9    print(not 7<3)
10   print(not 7>3)
```

**代码说明**：逻辑运算的运算规则见表2-9。

表 2-9　逻辑运算符的运算规则

|  | X | Y | 结果 |
|---|---|---|---|
| and | True | True | True |
|  | True | False | False |
|  | False | True | False |
|  | False | False | False |
| or | True | True | True |
|  | True | False | True |
|  | False | True | True |
|  | False | False | False |
| not | True | | False |
|  | False | | True |

运行结果如下：

```
True
False
False
False
False
True
True
True
True
False
```

### 4. 位运算

在计算机内存中，数是以二进制的形式储存的。Python位运算直接对整数的二进制位进行操作。Python中的位运算符见表2-10。

表 2-10　位运算符

| 运算符 | 描　　述 | 表达式示例 | 表达式结果 |
|---|---|---|---|
| & | 两个值的对应二进制位进行与运算 | 7&3 | 3 |
| \| | 两个值的对应二进制位进行或运算 | 7\|3 | 7 |
| ∧ | 两个值的对应二进制位进行异或(相同为假,不同为真)运算 | 7∧3 | 4 |
| ~ | 值的对应二进制位进行取反 | ~7 | −8 |
| << | 左边值的二进制位左移,右边值是移动的步数 | 7<<3 | 56 |
| >> | 左边值的二进制位右移,右边值是移动的步数 | 7>>3 | 0 |

【代码 2-23】 位运算表达式。

```
1    print(7 & 3)
2    print(7 | 3)
3    print(7 ^ 3)
4    print(～7)
5    print(7<<3)
6    print(7>>3)
```

代码说明：整数 7 的二进制位 0111，整数 3 的二进制位 0011，各种位运算过程见表 2-11。

表 2-11　位运算过程

| 表　达　式 | 演　算　过　程 | 结　　果 |
|---|---|---|
| 7 & 3 | 0 1 1 1<br>0 0 1 1<br>0 0 1 1 | 0 0 1 1(二进制)<br>3(十进制) |
| 7 \| 3 | 0 1 1 1<br>0 0 1 1<br>0 1 1 1 | 0 1 1 1(二进制)<br>7(十进制) |
| 7 ^ 3 | 0 1 1 1<br>0 0 1 1<br>0 1 0 0 | 0 1 0 0(二进制)<br>4(十进制) |
| ～7 | 0 1 1 1<br>1 0 0 0 | 1 0 0 0(二进制)<br>−8(十进制) |
| 7<<3 | 0 0 0 0 0 1 1 1<br>0 0 1 1 1 0 0 0 | 0 0 1 1 1 0 0 0(二进制)<br>56(十进制) |
| 7>>3 | 0 0 0 0 0 1 1 1<br>0 0 0 0 0 0 0 0 | 0 0 0 0 0 0 0 0(二进制)<br>0(十进制) |

运行结果如下：

```
3
7
4
-8
56
0
```

5. 赋值运算

赋值符号(＝)是基本的赋值运算符号，它能够与其他运算符相结合，成为复合赋值运算符。复合赋值运算符使用更为方便。定义变量 num1＝7，num2＝3，Python 中的赋值运算符见表 2-12。

表 2-12　赋值运算符

| 运算符 | 描　　述 | 表达式示例 | 表达式结果 |
|---|---|---|---|
| ＝ | 基本赋值运算 | num1＝num2 | 3 |
| ＋＝ | 加法赋值 | num1＋＝num2<br>(等价于 num1＝num1＋num2) | 10 |

续表

| 运算符 | 描 述 | 表达式示例 | 表达式结果 |
|---|---|---|---|
| -= | 减法赋值 | num1-=num2<br>（等价于 num1=num1-num2） | 4 |
| *= | 乘法赋值 | num1*=num2<br>（等价于 num1=num1*num2） | 21 |
| /= | 除法赋值 | num1/=num2<br>（等价于 num1=num1/num2） | 2.3333333333333335 |
| //= | 整除赋值 | num1//=num2<br>（等价于 num1=num1//num2） | 2 |
| %= | 取余数赋值 | num1%=num2<br>（等价于 num1=num1%num2） | 1 |
| **= | 幂赋值 | num1**=num2<br>（等价于 num1=num1**num2） | 343 |
| &= | 按位与赋值 | num1&=num2<br>（等价于 num1=num1&num2） | 3 |
| \|= | 按位或赋值 | num1\|=num2<br>（等价于 num1=num1\|num2） | 7 |
| ^= | 按位异或赋值 | num1^=num2<br>（等价于 num1=num1^num2） | 4 |
| <<= | 左移赋值 | num1<<=num2<br>（等价于 num1=num1<<num2） | 56 |
| >>= | 右移赋值 | num1>>=num2<br>（等价于 num1=num1>>num2） | 0 |

**【代码 2-24】** 赋值运算表达式。

```
1    num1=7
2    num2=3
3    num1=num2
4    print(num1)
5
6    num1=7
7    num2=3
8    num1+=num2
9    print(num1)
10
11   num1=7
12   num2=3
13   num1-=num2
14   print(num1)
15
16   num1=7
17   num2=3
18   num1*=num2
19   print(num1)
20
21   num1=7
```

```
22    num2=3
23    num1/=num2
24    print(num1)
25
26    num1=7
27    num2=3
28    num1//=num2
29    print(num1)
30
31    num1=7
32    num2=3
33    num1%=num2
34    print(num1)
35
36    num1=7
37    num2=3
38    num1**=num2
39    print(num1)
40
41    num1=7
42    num2=3
43    num1&=num2
44    print(num1)
45
46    num1=7
47    num2=3
48    num1|=num2
49    print(num1)
50
51    num1=7
52    num2=3
53    num1^=num2
54    print(num1)
55
56    num1=7
57    num2=3
58    num1<<=num2
59    print(num1)
60
61    num1=7
62    num2=3
63    num1>>=num2
64    print(num1)
```

**代码说明**：在已经定义变量并赋值的情况下,推荐使用赋值运算符。

运行结果如下：

```
3
10
4
21
2.3333333333333335
2
```

```
1
343
3
7
4
56
0
```

### 6. 成员运算

除了以上运算符外,Python 还支持成员运算符,测试实例中包含了一系列的成员,包括字符串、列表或元组。Python 中的成员运算符见表 2-13。

表 2-13　成员运算符

| 运算符 | 描　　述 | 实　　例 |
|--------|----------|----------|
| in | 如果在指定的序列中找到值则返回 True,否则返回 False | x 在 y 序列中,如果 x 在 y 序列中则返回 True |
| not in | 如果在指定的序列中没有找到值则返回 True,否则返回 False | x 不在 y 序列中, 如果 x 不在 y 序列中则返回 True |

【代码 2-25】 成员运算表达式。

```
print(3 in [1,2,3,4,5])
```

微课 2-15

代码说明:通过成员运算符 in,判断 3 是否在序列[1,2,3,4,5]中。

运行结果如下:

```
True
```

### 7. 身份运算

身份运算符用于比较两个对象的存储单元。Python 中的身份运算符见表 2-14。

表 2-14　身份运算符

| 运算符 | 描　　述 | 实　　例 |
|--------|----------|----------|
| is | is 是判断两个标识符是不是引用自一个对象 | x is y,类似 id(x) == id(y),如果引用的是同一个对象,则返回 True,否则返回 False |
| not is | not is not 是判断两个标识符是不是引用自不同对象 | x is not y,类似 id(a) != id(b)。如果引用的不是同一个对象,则返回结果 True,否则返回 False |

【代码 2-26】 身份运算表达式。

```
1  a=20
2  b=20
3  print(a is b)
4  print(a is not b)
```

代码说明:通过身份运算符,判断 a 和 b 是否引自同一个对象。

运行结果如下:

```
True
False
```

**8. 运算符优先级**

当一个表达式中包括多种运算符时,优先级高的运算符先结合,优先级低的运算符后结合。各种运算符之间的优先级见表 2-15。

表 2-15  Python 中运算符的优先级

| 运　算　符 | 优先级别 |
|---|---|
| ** | 高 |
| ~、+、- | |
| *、/、%、// | |
| +、- | |
| >>、<< | |
| & | |
| ^、\| | |
| <=、<>、>= | |
| ==、!= | |
| =、%=、/=、//=、-=、+=、*=、**= | |
| is　is not | |
| in　not in | |
| not　and or | 低 |

微课 2-16

**9. 常用的数学函数**

对于简单的表达式,可以使用运算符,而对于比较复杂的表达式,需要 Python 中提供的内置数学函数。常用的数学函数见表 2-16。

表 2-16  常用的数学函数

| 函数名 | 函　数　功　能 |
|---|---|
| abs($x$) | 返回数字的绝对值,如 abs(-9)返回 9 |
| divmod() | 内置函数,返回两个数的商和余数,如 divmod(7,3)返回(2,1) |
| sqrt($x$) | math 库函数,返回数字 $x$ 的平方根,如 math.sqrt(9)返回 3.0 |
| exp($x$) | math 库函数,返回 e 的 $x$ 次幂,如 math.exp(3)返回 20.085536923187668 |
| fabs($x$) | math 库函数,返回数字的绝对值,如 math.fabs(-9)返回 9.0 |
| log($x$,$a$) | math 库函数,返回以 $a$ 为底的 $x$ 的对数(如果不指定 $a$,则默认以 e 为基数),如 math.log(100,10)返回 2.0 |
| floor($x$) | math 库函数,返回数字的下舍整数,如 math.floor(3.5)返回 3 |
| log10($x$) | math 库函数,返回以 10 为基数的 $x$ 的对数,如 math.log10(100)返回 2.0 |
| pow($x$,$y$) | 内置函数,返回 $x$ 的 $y$ 次方的值,如 pow(9,2)返回 81 |
| round($x$[,$n$]) | 内置函数,返回浮点数 $x$ 的四舍五入值,如给出 $n$ 值,则代表舍入到小数点后的位数,如 round(3.1415926,2)返回 3.14 |
| min() | 内置函数,返回最小值,如 min(9,8,10)返回 8 |
| max() | 内置函数,返回最大值,如 max(9,8,10)返回 10 |

**【代码 2-27】** 调用数学函数。

```
1    import math
```

```
2    print(abs(- 9))
3    print(divmod(7,3))
4    print(math.sqrt(9))
5    print(math.exp(3))
6    print(math.fabs(- 9))
6    print(math.log(100,10))
8    print(math.floor(3.5))
9    print(math.log10(100))
10   print(pow(9,2))
11   print(round(3.1415926,2))
12   print(min(9,8,10))
13   print(max(9,8,10))
```

**代码说明**：对于比较复杂的运算，需要使用数学函数。

运行结果如下：

```
9
(2, 1)
3.0
20.085536923187668
9.0
2.0
3
2.0
81
3.14
8
10
```

# 小  结

本章介绍了变量的定义与赋值、输入与输出、基本数据类型、表达式等。以绘制中国结的案例为主要任务，通过变量的赋值、输入输出、基本数据类型的使用，实现了绘制中国结案例中的基础应用。

# 习  题

## 一、填空题

1. Python 中用于表示逻辑与、逻辑或、逻辑非运算的关键字分别是 _____、_____、_____。

2. print(1,2,3,sep='/')的输出结果为_____。

3. 已知 x=2，那么执行语句 x * =3 之后，x 的值为_____。

4. 转义字符'\n'的含义是_____。

5. Python 中_____运算符表示整除。

6. 已知 x=3，则语句 x * =6 执行后，x 的值为_____。

7. 语句 print(1，2，3，sep='：') 的输出结果为_____。

8. 表达式 3 ** 2 的值为_____。

9. 表达式 3 * 2 的值为_____。

10. 已知 x='123'和 y='456'，则表达式 x+y 的值为_____。

## 二、判断题

1. 已知 x=3，则 x='abcedfg'语句无法执行。（    ）

2. 在 Python 中可以使用 if 作为变量名。（    ）

3. Python 变量名区分大小写，所以 apple 和 Apple 是两个不同的变量。（    ）

4. 在 Python 中可以使用 for 作为变量名。（    ）

5. Python 只有使用符号♯这一种注释方式。（    ）

6. Python 变量使用前必须先声明，并且一旦声明就不能再在当前作用域内改变其类型。（    ）

7. my-score 是有效的变量名。（    ）

8. Python 变量名必须以字母或下划线开头，并且区分字母大小写。（    ）

9. Python 不允许使用关键字作为变量名，允许使用内置函数名作为变量名，但这会改变函数名的含义。（    ）

10. 9999 ** 9999 这样的命令在 Python 中无法运行。（    ）

## 三、选择题

1. 下列选项中，不是 Python 的保留字是（    ）。

     A. while          B. false          C. global          D. if

2. 下列关于 Python 的注释，错误的是（    ）。

     A. 只有单行注释和多行注释两种注释方式

     B. 单行注释以♯开头

     C. 多行注释使用三个单引号

     D. 单行注释以单引号开头

3. 下列关于逻辑运算的结果错误的是（    ）。

     A. 若 a=True，b=False，则 a or b 结果为 True

     B. 若 a=True，b=False，则 a and b 结果为 False

     C. 若 a=True，b=False，则 not a 结果为 False

     D. 若 a=True，b=False，则 not b 结果为 False

4. 下列选项中，不属于浮点类型的是（    ）。

     A. 36.0          B. 96e4          C. −96          D. 9.6E-5

5. 下列选项中，不是合法变量名的是（    ）。

     A. _mypro          B. apple          C. China          D. my-pro

6. 下列（    ）语句在 Python 中是非法的。

     A. x=y=z=3                  B. x+=y

     C. x=(y=z+3)                D. x，y=y，x

7. 在 Python 中，下列表达式错误的是（    ）。

     A. x=y=z=1                  B. x=(y=z+1)

     C. x，y=y，x                  D. x+=y

8. 下列表达式的值为 True 的是(　　)。

A. 5+4j>2−3j

B. 3>2>2

C. (3,2)<("a","b")

D. "abc">"xyz"

9. Python 不支持的数据类型有(　　)。

A. char

B. int

C. float

D. list

10. 关于 python 中的复数,下列说法错误的是(　　)。

A. 表示复数的语法是 real+image j

B. 实部和虚部都是浮点数

C. 虚部后缀必须为 j,且必须是小写

D. 方法 conjugate 返回复数的共轭复数

## 四、实践任务

1. 编写程序,输入两个整数,求两个数的商及余数,并输出结果。

2. 编写程序,输入半径,求圆的面积,并输出结果。

3. 用户通过键盘输入两个直角边的长度 $a$ 和 $b$,计算斜边 $c$ 的长度,请用代码实现此功能。

4. 编写程序,把 560 分钟换算成用小时和分钟表示,然后输出。

5. 编写程序,输入三个数,求出它们的最大值和最小值并进行输出。

# 第3章

# 函　　数

【学习目标】

(1) 理解函数基本概念。

(2) 掌握函数定义与调用方法。

(3) 掌握函数参数。

(4) 掌握变量作用域用法。

(5) 学会使用模块组织程序。

(6) 掌握 lambda 函数。

(7) 掌握递归函数。

## 任务 3.1　定义函数与调用函数

【任务描述】

针对第 1 章中的中国结动画综合案例,将绘制单个中国结的功能进行模块化设计,定义相关的函数与接口,并进行调用。

【任务分析】

(1) 理解模块化程序设计方法。

(2) 掌握函数的定义。

(3) 掌握函数的调用。

### 3.1.1　函数定义与调用基础

函数是组织好的、可重复使用的、用来实现单一或相关联功能的代码段。

函数能提高应用的模块化和代码的重复利用率。用户可以根据自己的需要创建函数,这样的函数称作用户自定义函数,函数的功能需要编程实现。

1. 函数定义

函数定义的语法如下:

```
def 函数名(形式参数列表):
    封装的功能代码段
    [return 表达式]
```

(1) 函数定义包括函数头部和函数体两部分,函数头部用来定义调用接口,函数体用来封装功能代码段及返回值。

(2) 函数头部以关键字 def 开始,冒号结束,主要用来指明函数名与函数形参两部分。

(3) 函数名称一般用与函数功能相符合的词表示,同时符合标识符的命名规则。

（4）封装的功能代码段要使用缩进格式,前面有4个空格。

（5）形式参数列表是在调用函数时实际参数值的入口,一般以变量形式体现,多个形参之间用逗号分隔,其值在调用时由实际参数的值确定。

（6）如果函数有返回值,则使用return语句返回。一个函数内部可以有多个return,但只有运行时遇到的第一个return起作用。

2. 函数调用

函数调用的语法如下:

函数名(实际参数列表)

调用发生时,程序的运行控制权转到被调用的函数,实际参数的值传递给函数对应的形参。被调函数运行结束,控制权返回到调用处,如果函数有返回值,则可当作一个值来使用。调用的函数可以是内建函数、开源库中的函数以及自定义函数。

**【代码3-1】** 已知一等腰直角三角形的斜边长度,定义一个函数,用来求其直角边长度,并调用该函数,求斜边长度为10的等腰直角三角形直角边长度。

```
1    def leg(len):                 # 函数头部,斜边长度作为形式参数
2        value=pow(len,0.5)
3        return value
4    result=leg(10)               # 函数调用
5    print(result)
```

**代码说明:**

（1）代码第1行为定义的函数头部,函数名为leg,形式参数名称为len,用来接收三角形斜边值。

（2）代码第2、3行为函数内的功能代码,完成直角边长度的求解,并使用return返回结果,这两行代码需要保持缩进4个空格的格式。

（3）代码第4行是对函数的调用,10为实际参数,值被传递给len。

运行结果如下:

```
14.142135623730951
```

如图3-1所示,将单个中国结根据绘制特点划分为五部分,分别为中心center、边缘拱形arc、两侧的圆耳朵ear、顶部的丝线topthread以及底部的穗子tassel。需要定义五个函数来绘制各个部分。因为中国结的大小和位置是可以变化的,所以需要将中国结位置、尺寸设置为形式参数,在这里设置为(x,y,size),分别代表结心顶端横、纵坐标和结心边线的长度。

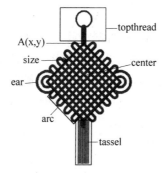

图3-1 单个中国结分解示意图

【代码3-2】 定义绘制单个中国结的相关函数,并调用输出。

```
1    def center(x,y,size):
2        # 绘制中国结结心的函数
3        print("中国结的结心")
4    def arc(x,y,size):
5        # 绘制中国结边缘拱形的函数
6        pass                # 空函数体
7    def ear(x,y,size):
8        # 绘制中国结两侧圆耳朵的函数
9        pass
10   def topthread(x,y,size):
11       # 绘制中国结顶部丝线的函数
12       pass
13   def tassel(x,y,size):
14       # 绘制中国结底部穗子的函数
15       pass
16   center(0,0,200)
```

**代码说明:**

(1) 分别对应如图 3-1 所示的五个部分,每个部分定义为一个函数,每个函数负责完成对应部分的图形绘制。

(2) 代码第 1~15 行分别定义了一个中国结的五个部分,center()函数功能部分暂时用print()函数来打印说明,其他函数使用 pass 关键字表示函数体内为空。随着所学知识的扩展,所有函数体将用真正的图形绘制代码来替代。

(3) 代码第 16 行是一个函数调用语句,调用 center(),传入实际参数 0,0,200。

运行结果如下:

0 0 200 中国结的结心

【代码3-3】 定义一个函数 jiemain(),能够调用例 3-2 中定义的五个函数,并传入正确的参数。

```
1    def jiemain(x,y,size):
2        center(x,y,size)
3        arc(x,y,size):
4        ear(x,y,size):
5        topthread(x,y,size):
6        tassel(x,y,size):
7    jiemain(0,0,200)
```

**代码说明:**

(1) 代码第 1~6 行定义了 jiemain()函数,其参数是如图 3-1 所示的 x、y、size。函数体部分分别调用了五部分的函数,传入的参数也是以如图 3-1 所示的 A 点为基础。进入函数内部需要按绘制图形以 A 点为基准重新计算起点坐标和绘制线条的长度。

(2) 代码第 7 行以实际参数 0、0、200 调用 jiemain()函数。应该注意的是,只有 center()函数有内容输出,其他函数没有功能代码。

运行结果如下:

0 0 200 中国结的结心

### 3.1.2 Turtle 库函数

Python 提供了很多标准库,为实现图形的绘制,本节将重点介绍 Turtle 库。在使用库函数之前需要导入库模块,语法格式如下:

```
import 库名              #方法(1)
import  库名  as 别名     #方法(2)
from  库名  import  *    #方法(3)
```

使用方法(1)导入库后,在后续调用函数时,会使用"库名.函数()"的方式加以调用;使用方法(2)导入库后,在后续调用函数时,会使用"别名.函数()"的方式加以调用;使用方法(3)导入库后,在后续可直接使用"函数()"的方式进行调用。

Turtle 库是 Python 语言的标准库之一,是入门级的图形绘制函数库,实现了一只小海龟在屏幕上游走,而行走的轨迹形成了图像。其坐标系如图 3-2 所示,海龟的头初始朝向 x 轴正方向。

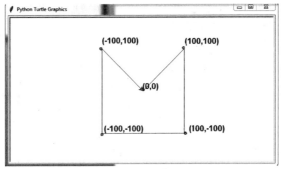

图 3-2　Turtle 绘图坐标系示意图

可以通过函数改变海龟头的方向,角度坐标体系如图 3-3 所示。

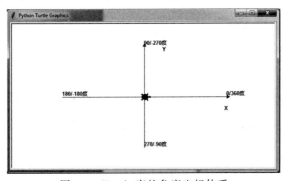

图 3-3　Turtle 库的角度坐标体系

在这两个坐标基础上可以使用 Turtle 库函数完成图形的绘制功能。常用库函数见表 3-1。

表 3-1　Turtle 库中常用的库函数

| 函　数 | 功　能　说　明 | 示　例 |
|---|---|---|
| setup(width,height,x,y) | 在屏幕(x,y)的位置绘制一个宽 width、高 height 的窗口 | setup(800,600,0,0) |
| screensize(width,height,color) | 创建一个宽 width、高 height、背景色 color 的画布 | screensize(800,600,'red') |

续表

| 函　　数 | 功 能 说 明 | 示　　例 |
|---|---|---|
| tracer(bool) | 画笔追踪开关 | True 为展示绘制过程,False 为隐藏 |
| hideturtle() | 隐藏小海龟 | hideturtle() |
| pensize(数值) | 画笔线条粗细 | pensize(10) |
| pencolor(颜色) | 画笔颜色设置 | pencolor('blue') |
| penup() | 笔抬离画布不再绘制 | ponup() |
| goto(x,y) | 将笔移动至(x,y)处 | goto(100,100)　若笔在界面上,则移动中绘制 |
| pendown() | 将笔放下,置于画布上 | pendown() |
| seth(角度) | 改变笔的方向 | seth(90)　竖直向上 |
| left(角度) | 当前方向向左转向一指定的角度 | left(90) |
| right(角度) | 当前方向向右转向一指定的角度 | right(135) |
| fd(长度)或 forward(长度) | 当前方向绘制指定长度的直线 | fd(100) |
| circle(半径[,圆弧角度]) | 绘制指定半径、指定圆周角的弧,半径的正负可确定按逆时针或顺时针画 | circle(50,180)　逆时针<br>circle(-50,180)　顺时针 |
| begin_fill()<br>end_fill() | 填充区域开始;<br>填充区域结束 | begin_fill()　♯绘制一个填充圆<br>circle(50)<br>end_fill() |
| done() | 结束绘图,所有绘制结束后调用 | done() |
| listen() | 启动键盘事件监听 | listen() |
| onkey('key',lambda 函数) | 定义键 key 对应的处理函数 | onkey('a',lambda:fun(-5)) |
| ontimer(函数,t 毫秒) | 定时器,每 t 毫秒调用指定函数 | ontimer(main,58) |

代码 3-4

【代码 3-4】　定义一个函数,初始化一个宽 800、长 600 的窗口,位置定位在屏幕左上角。设置绘制速度为 14,隐藏乌龟图片及绘制过程。调用函数初始化后,在窗口中心绘制各种情况的圆弧。

```
1    import turtle as t              # 导入 turtle 库,别名为 t
2    def init():
3        t.screensize(800,600,'white')   # 创建一个宽度 800,高度 600 的窗口
4        t.speed(14)
5        t.hideturtle()
6    def upgoto(x,y):               # 第 6～9 行定义一个函数 upgoto(),用来将画线移至(x,y)处
7        t.penup()
8        t.goto(x,y)
9        t.pendown()
10   def drawArc(x,y,radius,angle):
11       upgoto(x,y)               # 第 11～13 行用于绘制圆弧起点标志,为蓝色圆
12       t.pencolor('blue')
13       t.circle(2,360)
14       t.pencolor('red')   # 第 4～16 行用于绘制方向 angle 角度起始的一个 270°的红色圆弧
15       t.seth(angle)
16       t.circle(radius,270)
17   init()
18   t.pensize(10)
```

```
19    drawArc(-200,100,50,0)           # 逆时针绘制一个半径为 50 的 270°圆弧
20    drawArc(-50,100,50,135)          # 逆时针绘制一个半径为 50 的 270°圆弧
21    drawArc(0,100,50,-45)            # 逆时针绘制一个半径为 50 的 270°圆弧
22    drawArc(150,100,-50,45)          # 顺时针绘制一个半径为 50 的 270°圆弧
23    t.done()
```

**代码说明：**

（1）代码第 1 行，导入 turtle 库，并使用别名 t。

（2）代码第 2～5 行定义一个函数 init()初始化窗口及画笔的初始状态，即窗口宽为 800 像素、高为 600 像素，而背景色为白色。

（3）代码第 6～9 行定义一个 upgoto()函数，用于将画笔抬起来移动到(x,y)处并放下准备绘制，后面即可直接调用该函数，实现代码的可重用性。

（4）代码第 10～16 行定义一个 drawArc()函数，用于绘制一个 270°圆弧，参数 x、y 代表圆弧起点位置，radius 为圆弧半径，angle 圆弧初始角度。

（5）代码第 11～13 行为在(x,y)处绘制一个蓝色小圆，表示当前圆弧的起笔位置，便于了解 circle 函数中的参数含义。

（6）代码第 14～16 设置绘制圆弧的画笔颜色为红色，起始角度为 angle，绘制一个角度为 270°的半径为 radius 的圆弧。

（7）代码第 17 行调用 init 进行窗口初始化，第 18 行设置笔的粗细，第 19～22 行分别用不同的实际参数值调用 drawArc()函数。

（8）代码第 23 行用以结束 turtle 的绘制过程，从而允许窗口关闭。

运行结果如图 3-4 所示。在看到运行结果后，可以尝试注释掉第 5 行的代码，观察运行过程，这样有助于了解 hideturtle()函数的作用效果。可以通过修改圆弧的方向、坐标及顺时针、逆时针方向，从而深入学习 circle()函数的用法。

图 3-4　代码 3-4 运行结果

【拓展思考 3-1】　根据 Turtle 函数，思考如何绘制夜空中的一轮黄色月牙。

【代码 3-5】　使用 Turtle 库完善代码 3-2 中的函数 center，绘制最上方的两条相交粗红实线。

代码 3-5

```
1    import turtle as t
2    def center(x,y,size):
3        t.pensize(4)              # 设置画笔的粗细值为 4
4        upgoto(x,y)
5        t.seth(-45)               # 向右下方转 45°，角度值见图 3-3
```

```
6        t.forward(size)              # 画一条长度为 size 的直线
7        upgoto(x,y)
8        t.seth(-135)                 # 向左下方转 45°
9        t.forward(size)              # 画一条长度为 size 的直线
10   init()                           # 窗口初始化，来自代码 3-4
11   t.pencolor('red')                # 画笔的颜色设置为红色
12   center(0,100,200)
```

**代码说明：**

（1）代码第 10 行调用 init() 函数，来自代码 3-4，用以初始化窗口。

（2）代码如图 3-1 所示 A 点处两条相交的结心红线，在画直线前需要调整角度、画笔粗细以及画笔颜色。

（3）代码第 6~8 行为从（x,y）处绘制一条朝向右下方 45°的粗红实线。

（4）代码第 9~11 行为从（x,y）处绘制一条朝向左下方 45°的粗红实线。

运行结果如图 3-5 所示。

图 3-5　中国结结心的基本元素绘制结果

**【拓展思考 3-2】**　根据代码 3-5，如何在夜空中绘制白色五角星。

**【代码 3-6】**　完善代码 3-2 中的函数 topthread，绘制中国结上方的绳结。

代码 3-6

```
1    def topthread(x,y,size):
2        step=size/10
3        upgoto(x,y)
4        t.pensize(size/10)
5        t.seth(90)                   # 画笔垂直向上
6        t.fd(step* 3)                # 绘制一条向上的直线
7        upgoto(x,y+step* 6)          # 将画笔放置到最高点
8        t.pensize(6)                 # 将笔的粗细设置为 6
9        t.seth(180)                  # 向上转到最左方
10       t.circle(step* 3/2,360)      # 逆时针画圆，半径为 step* 3/2
11   def hanzi():
12       upgoto(-90,200)              # 将笔放到坐标(-90,200)处
13       t.write("幸福中国结",font=("Arial",20,"normal"))      # 输出汉字
14   def main():
15       t.clear()
16       jiemain(-100,100,100)        # 来自代码 3-2
17       hanzi()
```

```
18    init()
19    main()
20    t.done()
```

**代码说明：**

（1）代码第 1～10 行是定义一个函数 topthread( )，用来绘制如图 3-1 所示的 topthread( ) 部分，绘制一个圆与一条垂直的粗红线。

（2）代码第 3～6 行是从坐标（x，y）起，将画笔转为垂直向上，绘制一条垂直的长度为 3 * step 的直线。

（3）代码第 7～10 行是将画笔带到最高点并将头转向最左方并绘制圆环。

（4）代码第 11～13 行在指定位置绘制"幸福中国结"。

（5）代码第 14～17 行定义一个 main( ) 函数来调用绘制结心和绳结的函数。

（6）代码第 19～21 行用来初始化和调用 main( ) 函数及结束绘制。

运行结果如图 3-6 所示。

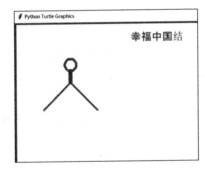

图 3-6　增加顶部丝线的中国结程序运行结果

【代码 3-7】 完善代码 3-2 中的函数 arc( )，绘制中国结结心四面的拱形，每条边绘制一个。

```
1    def arc(x,y,size):
2        t.pensize(4)                        # 设定画笔的粗细为 4
3        step=size/10                        # 结心长度十等分
4        m=x-step/pow(2,0.5)                 # 确定左上方拱形的位置
5        n=y-step/pow(2,0.5)
6        upgoto(m,n)
7        t.seth(135)                         # 设置画笔方向为左上方 45°
8        t.fd(step)                          # 画拱形的一条线段
9        t.circle(step/2,180)                # 逆时针绘制半圆
10       t.fd(step)                          # 画拱形的另一条线段
11       m=x+step/pow(2,0.5)                 # 确定右上方拱形的位置
12       n=y-step/pow(2,0.5)
13       upgoto(m,n)
14       t.seth(45)                          # 画笔向右上方 45°
15       t.fd(step)                          # 绘制一条长度为 step 的线段
16       t.circle(-step/2,180)               # 顺时针绘制一个半圆
17       t.fd(step)                          # 绘制另一条线段
18       m=x-step/pow(2,0.5)                 # 确定左下方拱形的位置
19       n=y-size* pow(2,0.5)+step/pow(2,0.5)
20       upgoto(m,n)
```

代码 3-7

```
21        t.seth(-135)                    # 画笔向左下方 45°
22        t.fd(step)                      # 绘制一条线段
23        t.circle(-step/2,180)           # 顺时针绘制一个半圆
24        t.fd(step)                      # 绘制一条线段
25        m=x+step/pow(2,0.5)             # 确定右下方拱形的位置
26        n=y-size* pow(2,0.5)+step/pow(2,0.5)
27        upgoto(m,n)
28        t.seth(-45)                     # 画笔向右下方 45°
29        t.fd(step)                      # 向右下方绘制一条线段
30        t.circle(step/2,180)            # 逆时针绘制一个半圆
31        t.fd(step)                      # 绘制另一条线段
```

**代码说明：**

（1）代码用来绘制如图 3-1 所示的函数 arc()拱形中的一部分,每条边上绘制一个拱形。

（2）代码第 2、3 行是设定画笔粗细及绘制拱形圆的半径大小。圆的半径为拱形直线的一半。

（3）拱形代码的要点是绘制两条线段及一个半圆,需要确定起始位置及直线方向,半圆需要指明是顺时针方向还是逆时针方向。

（4）代码第 4～10 行绘制如图 3-7 所示,左上角的一个拱形,其起点位置在坐标(x,y)的左下方,所以(x,y)可以按以 step 为斜边长度的直角三角形的直角边长度 step/pow(2,0.5)进行递减。方向为 135°,即北偏西 45°方向。在画完一条线段后逆时针绘制一个半圆,之后绘制偏下一点的那条直线,从而完成一个拱形的绘制。可以尝试注释掉第 10 行代码,观察运行结果,这样可以更好地了解绘制过程。

（5）代码第 11～17 行绘制右上角的拱形,此处的起点坐标纵坐标与第一个拱形相同,横坐标比起点的 x 坐标略向右,所以是 m＝x+step/pow(2,0.5),方向是 45°,按此起点位置方向绘制一条长度为 step 的直线后顺时针绘制半圆,绘制函数 t.circle(-step/2,180),第 1 个参数使用负数,表示顺时针。最后绘制另一条直线。

（6）代码第 18～24 行绘制左下角的拱形,参数可以参考第 1、2 个拱形。

（7）代码第 25～31 行绘制右下方的拱形,参数可以参考前 3 个拱形,也可以把这部分内容注释掉,观察运行结果。

用代码 3-7 替换之前的 arc()函数,整体运行结果如图 3-7 所示。

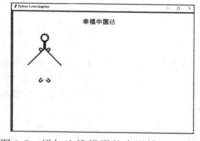

图 3-7　增加边缘拱形的中国结运行结果

【拓展思考 3-3】　研究代码 3-7,修改其中的绘制角度,观察运行效果,感受绘图时角度改变对直线绘制的影响。

【代码 3-8】　完善代码 3-2 中的函数 ear(),绘制中国结两侧的圆耳朵,其中涉及四个圆弧的绘制。

代码 3-8

```
1    def ear(x,y,size):
2        t.pensize(4)
3        step=size/10/2
4        upgoto(x-step*9*pow(2,0.5),y-step*9*pow(2,0.5))    # 确定左侧内圆弧位置
5        t.seth(135)                            # 确定绘制方向
6        t.circle(step* 2,270)                  # 逆时针绘制270°圆弧,半径2*step
7        upgoto(x-step*8*pow(2,0.5),y-step*8*pow(2,0.5))    # 确定左侧外圆弧位置
8        t.seth(135)                            # 确定绘制方向
9        t.circle(step*4,270)                   # 逆时针绘制270°圆弧,半径4*step
10       upgoto(x+step*9*pow(2,0.5),y-step*9*pow(2,0.5))    # 确定右侧内圆弧位置
11       t.seth(45)                             # 确定绘制方向
12       t.circle(-step*2,270)                  # 顺时针绘制270°圆弧,半径2*step
13       upgoto(x+step*8*pow(2,0.5),y-step*8*pow(2,0.5))    # 确定右侧内圆弧位置
14       t.seth(45)                             # 确定绘制方向
15       t.circle(-step*4,270)                  # 顺时针绘制270°圆弧,半径4*step
```

**代码说明:**

(1) 代码第 3 行,step 设为结心线长的 1/10。

(2) 代码第 5～7 行绘制左侧的内圆弧,绘制方向北偏西 45°。起点坐标在(x,y)左下方,所以横纵坐标分别减去以 9 倍 step 为斜边的等腰直角三角形的直角边长度,公式分别为 x-step * 9 * pow(2,0.5)和 y-step * 9 * pow(2,0.5),之后逆时针绘制一个半径为 2 倍 step 的 270°的圆弧。

(3) 代码第 9～11 行绘制左侧的外圆弧,绘制方向东偏南 45°。起点坐标在(x,y)左下方,所以横纵坐标分别减去以 8 倍 step 为斜边的等腰直角三角形的直角边长度,公式分别为 x-step * 8 * pow(2,0.5)和 y-step * 8 * pow(2,0.5),之后逆时针绘制一个半径为 4 倍 step 的 270°的圆弧。

(4) 代码第 13～15 行绘制右侧的内圆弧,起点坐标与绘制方向均可参考左侧内圆弧。

(5) 代码第 17～19 行绘制右侧的外圆弧,起点坐标与绘制方向均可参考右侧内圆弧。

运行结果如图 3-8 所示。

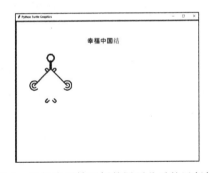

图 3-8 增加中国结两侧的圆耳朵后的运行结果

**【代码 3-9】** 完善代码 3-2 中的函数 tassel(),绘制中国结下方的穗子。

代码 3-9

```
1    def tassel(x,y,size):
2        step=size/10
3        upgoto(x,y-size*pow(2,0.5))            # 确定穗子上面粗扣的位置
4        t.pensize(step)                        # 设定粗笔
5        t.seth(-90)                            # 方向垂直向下
6        t.fd(step)                             # 绘制粗结
7        t.pensize(1)                           # 设定细笔
8        s=x-step                               # 设定最左侧细穗的横坐标
```

```
9        upgoto(s,y-size*pow(2,0.5))
10       t.seth(-90)                          # 方向垂直向下
11       t.fd(size)                           # 绘制第一条细穗子
```

**代码说明：**

（1）代码第 3～6 行是绘制细穗子上方的粗结，画笔的尺寸设为结心线长的 1/10，绘制的粗线长度也定义为同样大小。起点坐标 x 不变，y 值减去以 size 为斜边的等腰直角三角形的直角边长度，公式为 y-size * pow(2,0.5)。

（2）代码第 7～11 行绘制第一条穗子。画笔尺寸设为 1，选择细笔画。确定绘制起点位置，横坐标在 x 左侧一个 step 的距离，y 值与（1）中粗结的位置相同，方向垂直向下绘制一条长度为 size 的细线。

运行结果如图 3-9 所示。

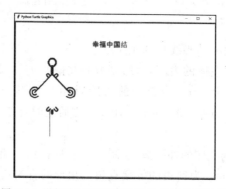

图 3-9　增加中国结下方穗子的代码运行结果

**【拓展思考 3-4】**　自行创意设计图形，并使用 Turtle 函数实现，观察效果。

# 任务 3.2　使用函数参数

**【任务描述】**

在进行函数定义时使用的参数是形式参数，函数调用时使用的参数是实际参数。调用发生时，实际参数的值按顺序一一对应地传递给形式参数。Python 中提供了一些有用的参数形式，用来完成不同需求的参数传递。

**【任务分析】**

（1）掌握默认值参数的定义与使用。

（2）掌握关键字参数的使用。

## 3.2.1　默认值参数

在 Python 中一个有用的函数参数形式是给一个或多个指定的参数指定默认值，这样创建的函数可以用较少的参数来调用。默认值必须从参数列表的最右侧开始，而在默认值参数右面不能存在非默认参数。

**【代码 3-10】**　打开代码 3-9 的文件，增加绘制一个黑色长方块代码，纵坐标默认为 -210，宽度为 10，height 为 150，x 值需给出。然后在 main() 函数中调用。

```
1    def obstacle(x,y=-210,width=150,height=10):
2        t.pencolor("black")
3        upgoto(x, y)
4        t.seth(0)              # 方向面向正右方
5        t.begin_fill()         # 准备填充
6        t.forward(width)       # 向右绘制一条长 width 的直线
7        t.left(90)             # 向左转 90°
8        t.forward(height)      # 向上绘制一条长 height 的直线
9        t.left(90)             # 向左转 90°
10       t.forward(width)       # 向左绘制一条长 width 的直线
11       t.left(90)             # 向左转 90°
12       t.forward(height)      # 向下绘制一条长 height 的直线
13       t.end_fill()           # 完成填充
14   def main():
15       t.clear()
16       jiemain(-250,100,100)
17       hanzi()
18       obstacle(0)            # 使用默认值参数,第 1 个参数是非默认参数,需要强制给出
19       # obstacle(0,-110,100) # 另一种调用形式,运行时可去掉注释
20   init()
21   main()
22   t.done()
```

**代码说明：**

（1）代码第 1 行函数参数有 4 个，第 1 个参数 x 是非默认参数，y、width、height 是默认值参数，默认值已经给出，默认值参数后面不可出现非默认参数。

（2）代码第 18 行是函数调用，实参值 0 会传递给形参 x，后面三个参数采用默认值。

（3）代码第 19 行是另一种调用方法，第 2、3 个实参的值将传递给形参 y 和 width，height 依然使用默认值 10。

运行结果如图 3-10 所示。

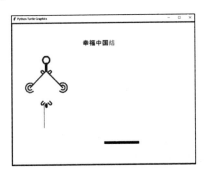

图 3-10　加入黑色长方块的运行结果

## 3.2.2　关键字参数

函数调用时可以通过关键字参数形式将实参赋值给指定的形参，如"形参名＝value"的形式。

**【代码 3-11】** 使用关键字参数调用函数。

```
1    obstacle(x=0,y=0)
2    obstacle(100,y=-210)
3    obstacle(y=-210,x=0,width=100,height=20)
```

**代码说明**：第 1 行中使用关键字参数进行调用。使用关键字参数时，在实参值前写明要赋予的形式参数的名称，比如 y=－210 表示把－210 传递给 y，x=0 表示把 0 传递给 x，使用关键字参数可以不用按形式参数的顺序安排实际参数，代码读起来更加明晰。关键字参数只是在调用时指定，函数定义没有变化。

# 任务 3.3　掌握变量作用域

## 【任务描述】

使用全局变量和局部变量完成中国结和木板的动画效果。

## 【任务分析】

(1) 掌握局部变量的定义与使用。

(2) 掌握全局变量的定义与使用。

(3) 理解局部变量与全局变量重名时的处理规则。

(4) 掌握 global 用法。

## 3.3.1　局部变量

局部变量是在函数定义内声明的变量，它们与函数外（即便是具有相同的名称）的其他变量没有任何关系，变量名称对于函数来说是局部的，即变量的作用域只在函数的内部。

**【代码 3-12】**　使用局部变量。

```
1    def swap(a,b):
2        t=a
3        a=b
4        b=
5        print(a,b)
6    def fun():
7        a=5
8        b=6
9        print(a,b)
10   swap(3,4)
11   fun()
```

输出结果如下：

```
4 3
5 6
```

**代码说明：**

t 是 swap() 函数的局部变量，a、b 既是 swap() 函数的形参，也是其中的局部变量。fun() 函数内部也定义了局部变量 a、b。虽然 swap() 函数与 fun() 函数中都有局部变量 a、b，但二者各有其作用域，互不相关。

**【拓展思考 3-5】**　观察代码 3-7～代码 3-10，找出其中的局部变量，感受其作用。

## 3.3.2　全局变量

在函数外部声明的变量称为全局变量，程序中的任何地方都可以读取它，使用全局变量可实现各个函数共享一个变量值的效果。如果需要在函数内部改变全局变量的值,一定要用到 global 关键字。

【代码 3-13】 使用 global 访问全局变量。

```
1    def showValue():
2        global x
3        print(x)
4        x=24
5    x=35
6    showValue()
7    print(x)
```

输出结果如下:

```
35
24
```

代码说明:

(1) 代码第 2 行使用 global,说明函数内使用的变量 x 为全局变量。

(2) 代码第 5 行定义了全局变量 x,值为 35。

(3) 代码第 6 行调用 showValue,执行到第 3 行时打印的即为全局变量 x,值为 35,第 4 行把全局变量的值修改为 24,函数返回后执行第 7 行时打印的全局变量即为 24。这样就实现了 x 值的共享。

【代码 3-14】 不使用 global 的例子。

```
1    def showValue():
2        x=24
3        print(x)
4    x=35
5    showValue()
6    print(x)
```

代码说明:

(1) 代码第 4 行定义了全局变量 x,初值为 35。

(2) 函数 showValue 在第 2 行定义了局部变量 x,值为 24,第 3 行输出该变量的值。

(3) 代码第 6 行输出的是全局变量的值 35。

运行结果如下:

```
24
35
```

注意:若在函数内改变全局变量的值,一定要用 global 声明一下。如果只是访问可以不使用 global 关键字。

【代码 3-15】 对于代码 3-11,如果调用 obstacle 时,实参 x 值可以在其他位置修改,并使用全局变量完成。

```
1    startx=0
2    def main():
3        t.clear()
4        jiemain(-250,100,100)
```

```
5        hanzi()
6        obstacle(startx)          # 使用默认值参数,第 1 个参数是非默认参数,需要强制给出
7    def move(change):
8        global startx
9        startx+=change
10   init()
11   main()
12   move(100)
13   main()                        # 第二次调用,感受木条在画面上移动的效果
14   t.done()
```

**代码说明：**

（1）代码第 1 行定义了一个全局变量 startx,初值为 0。

（2）main()函数中第 6 行调用 obstacle()函数,使用的是全局变量 startx。

（3）代码第 7～9 行中对全局变量进行了修改,使用 global 关键字才能保证使用的是全局变量,而不是新定义的局部变量。

（4）代码第 12 行调用 move()函数,实现将 startx 增加 100 的结果。第 11 行和第 13 行两次调用 main()函数,即可看到木板在画面上向右移动。

【代码 3-16】 对于代码 3-10,修改程序 main()函数,使得已经绘制的中国结可以从屏幕上方向下方慢慢运动。

代码 3-16

```
1    startx=0                      # 全局变量,记录木板的起始横坐标
2    knoty=150                     # 全局变量,记录中国结的起始纵坐标,在屏幕上方
3    def main():
4        global knoty              # 声明 main()函数中使用的 knoty 是全局变量
5        t.clear()
6        t.pensize(4)
7        t.pencolor('red')
8        jiemain(-250,knoty,100)
9        knoty=knoty-1
10       hanzi()
11       obstacle(startx)          # 使用默认值参数,第 1 个参数是非默认参数,需要强制给出
12       move(-1)
13       t.ontimer(main,58)        # 定时器函数,每 58ms 重新调用一次 main()函数
14   def move(change):
15       global startx             # 声明 startx 是全局变量
16       startx+=change
17   init()
18   main()
19   t.done()
```

**代码说明：**

（1）代码第 1 行定义全局变量 startx,用以记录木板运行时的横坐标,初始值为 0。

（2）代码第 2 行定义全局变量 knoty,用以记录中国结运行时的纵坐标,初始值为 150。

（3）代码第 3～13 行定义 main()函数,用以实现中国结的绘制、木板和汉字的绘制。

（4）代码第 4 行在 main()函数中声明 knoty 是全局变量,因为在函数内对此变量有修改,不声明 global 即会被认定为局部变量。每次 main()函数调用时均要使用该值来获得当前中国结纵坐标并加以修改,因此必须应用全局变量才能实现该值在多次函数调用间的保留。

（5）代码第8行调用 jiemain( )函数绘制单个中国结,纵坐标使用全局变量 knoty 作为实参。

（6）第9行对 knoty 进行减1操作,表示绘制后纵坐标向下变化,为下一次绘制准备好纵坐标值。

（7）代码第10行绘制汉字"幸福中国结",第11行调用 obstacle( )函数绘制木板,以全局变量 startx 为木板横坐标值。在 main( )函数中没有对 startx 变量进行修改,所以不用声明 global 全局变量。

（8）代码第12行调用 move( )函数,以−1为实参,表示在此次绘制木板后,修改 startx 变量值,为下一次在左侧绘制木板做好准备。

（9）代码第13行的 t. ontimer(58,main)是 Turtle 库中的 ontimer 定时器函数,表示每58ms 重新调用一次 main( )函数。这样,main( )函数每次被调用时都会清屏,并重新绘制中国结和木板。因为这两个图形每次在进行重新绘制时坐标有变化,所以运行时能看到中国结从上到下缓慢运动直至消失在下边界,木板从中间向左缓慢运动直至消失在左边界。

运行程序,观察效果,并体会全局变量的定义、使用和声明。

# 任务 3.4  使用 lambda 函数进行交互控制

## 【任务描述】

通过 lambda 函数,可以创建短小的匿名函数。如在调用一个 lambda 函数"lambda a,b: a+b"时,返回两个参数的和。lambda 形式可以用于任何需要的函数对象。出于语法限制,它们只能有一个单独的表达式。从语义上讲,它们只是普通函数定义中的一个语法技巧。类似于嵌套函数定义,lambda 函数可以从其包含范围内引用变量。

## 【任务分析】

（1）理解 lambda 函数的作用和效果。

（2）掌握 lambda 函数的定义。

（3）掌握 lambda 函数的调用。

## 【代码 3-17】  使用 lambda 函数,lambda 引用了参数变量 n。

```
1    def increment(n):
2        return lambda x:x+n
3    f=increment(5)      # f 是一个函数名,相当于指定了 n 为 5 的一个 lambda 函数
4    print(f(1))         # 对 lambda 函数的 x 传值为 1
5    print(f(2))
```

## 代码说明:

（1）代码第2行是通过 lambda 创建了一个嵌套的函数,n 值来自于 increment( )函数的参数值。

（2）代码第3行相当于将5传给 increment( )函数后,取出来其中的 lambda 函数改名为 f,f 相当于函数 lambda x:x+5。这样,f(1)相当于 lambda 1:1+5,结果为 6,f(2)相当于 lambda 2:2+5=7。

## 【代码 3-18】  lambda 用于参数为函数名的函数调用。

```
1    def cal(x,y,callback):
2        return callback(x,y)        # callback 代表一个函数调用参数
3    # 调用加法
4    cal(2,3,lambda x,y:x+y)          # 传入一个加法的匿名函数用于执行加法操作
```

```
5      cal(4,2,lambda x,y:x-y)          # 传入一个减法的匿名函数用于执行加法操作
```

**代码说明：**

（1）代码第 4 行函数调用结果为"lambda 2,3:2+3=5"。

（2）代码第 5 行函数调用结果为"lambda 4,2:4-2=2"。

**【代码 3-19】**　修改代码 3-16 中的内容，使用 Turtle 中的键盘事件及 lambda 函数，在 a 键被按下时，向左移动木板，d 键被按下时，向右移动木板。

代码 3-19

```
1      def init():
2          t.setup(800,600,0,0)
3          t.speed(14)
4          t.hideturtle()
5          t.tracer(False)
6          t.listen()                       # 启动键盘监听
7          t.onkey(lambda: move(-50), 'a')  # 使用 lambda 函数设定按 a 键时调用函数 move(-50)
8          t.onkey(lambda: move(50), 'd')   # 使用 lambda 函数设定按 d 键时调用函数 move(50)
9      def main():
10         t.clear()
11         t.pencolor('red')
12         jiemain(-250,100,100)
13         hanzi()
14         obstacle(startx)                 # 使用默认值参数，第 1 个参数是非默认参数，需要强制给出
15         t.ontimer(main,58)
16     init()
17     main()
18     t.done()
```

**代码说明：**

（1）Turtle 绘图界面可以接受键盘事件，便于用户与程序的交互，提供了两个函数。一个函数为 listen() 函数，用于启动键盘监听事件。另一个函数为 onkey() 函数，其形式为"turtle.onkey(函数调用，"按键")"。将键盘事件监听及事件处理相关函数加入 init() 函数中。

（2）代码第 7 行是对 onkey() 函数的调用，第一个参数需要的是一个函数调用，这里面使用 lambda() 函数作为调用参数，lambda() 函数没有参数，函数体为一个实际的函数调用。表示当 a 键被按下时，会自动调用函数 move()，传递实参值-50。

（3）代码第 8 行与第 7 行相似，只是 move() 函数的参数不同。move() 函数的调用由用户在按键时进行，不同的键对应不同的参数。

（4）代码第 15 行调用 turtle 库中的 ontimer() 函数，这是一个定时器功能，表示每隔 58ms 调用一次 main() 函数，重新绘制所有图形。

（5）当木板的位置被键盘控制后，就能看到运动的效果。当 a 键被按下时，向左移动木板；当 d 键被按下时，向右移动木板。

# 任务 3.5　应用递归函数绘制图形

**【任务描述】**

应用递归函数绘制一个分形树。

**【任务分析】**

（1）理解递归函数的作用和效果。

（2）掌握递归函数的定义。

（3）掌握递归函数的调用。

递归函数也被称为自调用函数，可以在函数体内部直接或间接地调用自己，即函数的嵌套调用的是函数本身。需要注意的是，函数不能无限地递归，否则会耗尽内存。在一般的递归函数中，需要设置终止条件，即递归出口。

【代码 3-20】 用递归函数求 $n!$。

```
1    def fac(n):
2        if n==1:
3            return 1
4        else:
5            return n* fac(n-1)
6    print(fac(5))
```

**代码说明：**

（1）代码第 1～5 行定义了一个递归函数 fac()，其函数体内第 5 行调用的函数还是 fac() 本身，只是实参为 $n-1$。

（2）代码第 2～3 行为递归出口，即当参数为 1 的时候，直接返回结果 1。

（3）代码第 5 行为此函数的递归体部分，再一次调用函数 fac()。

（4）代码第 6 行为以实参 5 调用 fac() 函数，求 5!，调用过程为

$$\text{fac}(5) \rightarrow \text{fac}(4) \rightarrow \text{fac}(3) \rightarrow \text{fac}(2) \rightarrow \text{fac}(1)$$

其中，

fac(1)：返回值 1；

fac(2)：计算 2 * 1，返回值 2；

fac(3)：计算 3 * 2，返回值 6；

fac(4)：计算 4 * 6，返回值 24；

fac(5)：计算 5 * 24，返回值 120。

运行结果如下：

120

【代码 3-21】 用递归函数绘制分形树。

代码 3-21

```
1    import turtle as t
2    def draw_branch(branch_length):
3        if branch_length<=5:                    # 递归出口
4            return;
5        else:
6            t.pensize(branch_length/5)          # 设定树干的粗细，与长度成正比
7            t.forward(branch_length)            # 绘制子树主干
8            t.right(20)                         # 画笔向右转 20°
9            draw_branch(branch_length-15)       # 递归调用绘制右侧树枝
10           t.left(40)                          # 画笔向左转 40°
11           draw_branch(branch_length-15)       # 递归调用绘制左侧树枝
12           # 返回树枝节点
13           t.right(20)
14           t.backward(branch_length)
15   def treemain(x,y,size):
16       t.penup()
```

```
17        t.goto(x, y)
18        t.pendown()
19        t.seth(90)                      # 将画笔的角度垂直向上
20        t.pencolor('green')             # 设置绿色画笔
21        # 调用函数
22        draw_branch(size)               # 主枝干长度为size
23        turtle.done()
24  if __name__=="__main__":
25        treemain(-200,0,6080)
26        t.done()
```

**代码说明：**

（1）代码第 2～14 行定义了一个绘制分形树的递归函数 draw_branch()，参数为当前树主干的长度。

（2）代码第 3～4 行定义了递归出口，即当此次枝干长度<=5 时返回，停止绘制。

（3）代码第 7 行绘制当前主枝干，第 8、9 行将画笔向右转 20°后递归调用函数完成右侧子树的绘制，右侧子树的枝干长度比主干少 15。第 10、11 行将画笔向左转 40°，递归调用完成左侧子树的绘制。

（4）代码第 13、14 行代码完成将画笔回到本函数绘制之初的位置，为后续绘制子树确定位置。

（5）代码第 15～23 行定义 treemain()函数，对画笔进行初始设定，并调用函数，并根据参数调用 draw_branch(size)。

（6）代码第 24 行使用了__name__进行了判断。__name__属性是 Python 的一个内置属性，记录了一个字符串。若是在当前文件，__name__ 是__main__，运行当前文件时，执行第 25 行和第 26 行代码。后面模块中调用此文件内容时，第 25、26 行代码内容不会被运行。

运行结果如图 3-11 所示。

图 3-11　使用递归函数绘制的分形树

# 任务3.6　掌握模块与包的用法

**【任务描述】**

将中国结绘制的所有函数形成一个模块，并能对模块进行调用。

**【任务分析】**

（1）掌握模块的使用方法。

（2）掌握包的使用方法。

## 3.6.1 模块

对于大型软件的开发,不可能把所有代码都存放到一个文件中,那样会使得代码很难维护。所以,可以将相关函数放在一个 .py 文件中,形成一个模块。对于复杂的大型系统,可以使用包(特殊文件夹)来管理多个模块。

模块是 Python 程序架构的一个核心概念。

(1) 模块如同一个工具包,要想使用这个工具包中的工具,就需要导入(import)这个模块。

(2) 每个模块以一个 .py 文件表示,模块名就是文件名。

(3) 在模块中定义的全局变量、函数都是模块能够提供给外界直接使用的工具。

(4) 模块可以让曾经编写的代码方便地复用,程序可读性好,并便于后续的维护与完善。

**【代码 3-22】** 将绘制单个中国结的函数集成到模块 knot.py 中,按下面代码进行组织。

代码 3-22

```
from turtle import *
import turtle as t
import code3_21 as drawtree          # 全局变量 x
startx=0
def upgoto(x,y):                     # 函数 upgoto()定义来自代码 3-4
    ...
def obstacle(x, y, width, height):   # 函数 obstacle()定义来自代码 3-10,绘制黑色木板
    ...
def move(change):                    # 函数 move()定义来自代码 3-11,移动木板
    ...
def init():                          # 函数 init()来自代码 3-18,初始化窗口
    ...
def center(x,y,size):                # 函数 center()来自代码 3-5,绘制结心
    ...
def topthread(x,y,size):             # 函数 topthread()来自代码 3-6,绘制结心上部绳结
    ...
def arc(x,y,size):                   # 函数 arc()来自代码 3-7,绘制结心周边拱形
    ...
def ear(x,y,size):                   # 函数 ear()来自代码 3-8,绘制结心两侧的圆弧耳朵
    ...
def tassel(x,y,size):                # 函数 tassel()来自代码 3-9,绘制结心下方的穗子
    ...
def hanzi():                         # 函数 hanzi()来自代码 3-6,输出汉字
    ...
def other():                         # 函数 other(),调用汉字和木板的绘制
    hanzi()
    obstacle(startx,-210,10,150)
def jiemain():                       # 函数 jiemain()来自代码 3-3,绘制单个中国结
    ...
def main():                          # main()函数中增了代码 3-21 中的树的绘制
    global knoty
    t.clear()
    t.pensize(4)
    t.pencolor('red')
    jiemain(-250,knoty,100)
    knoty=knoty-1
```

```
        hanzi()
        obstacle(startx)
        drawtree.treemain(200,-200,60)
        drawtree.treemain(250,-200,80)
        drawtree.treemain(300,-200,60)
        t.ontimer(main,58)
    def knotmain(x,y,size):            # 定义函数 knotmain(),完成初始化,调用 main()函
        init()                            数及结束绘制
        main()
        t.done()
    if __name__=="__main__":
        knotmain(0,0,200)
```

**代码说明**：文件 knot. py 组成了一个模块,若从本文件开始运行,则调用 knotmain(0,0, 200),否则由其他模块指明调用的函数。

【代码 3-23】 新建一个文件 drawknot. py,并编写如下代码。

```
1    import knot
2    knot.knotmain(0,0,200)
```

运行程序代码 3-23,结果如图 3-12 所示。

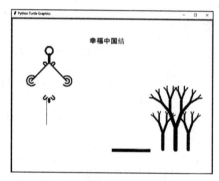

图 3-12    使用模块完成的程序效果

### 3.6.2    包

包是 Python 用来组织命名空间和类的重要方式,是一个分层次的文件目录结构,它定义了一个由模块及子包和子包下的子包等组成的 Python 应用环境。简单来说,包就是文件夹,但该文件夹下必须存在 __init__. py 文件,该文件的内容可以为空。__init__. py 用于标识当前文件夹是一个包。__init. py__文件的主要用途是设置__all__变量及执行初始化包所需的代码,如在包 drawings 目录下创建了一个__init. py__文件,其中设置__all__=["knot", "drawtree","code3_1"],则当在其他非包文件中使用 from drawings import * 时,模块 knot、drawtree、code3_1 会被导入。

使用 import 语句导入包中的模块时,需要指定对应的包名。基本形式有以下两种。

```
import   包名.模块名
from 包名.模块名 import 函数名
```

## 小　　结

本章介绍了函数定义与调用、函数参数、变量作用域、模块与包、lambda 函数及递归函数的用法。以绘制中国结的案例为任务主线,介绍了如何对一个案例进行模块化程序设计并定义函数,使用 Turtle 库函数调用绘制中国结的各个部分,并学习使用不同的函数参数进行定义调用,以及使用 lambda 函数与用户进行交互,实现动态效果,并用递归函数实现了分形树的绘制。

## 习　　题

### 一、填空题

1. 使用 numpy 包必须在程序中使用的指令是_____。

2. 函数代码块以 def 开头,若有函数返回值时需要使用关键字_____返回。

3. 调用函数时将变量或表达式的值(通常称为_____)传递给函数的参数(通常称为_____)。

4. 在函数的执行过程中,可以调用自身,该函数称为_____函数。

5. 已知函数定义"def fun(x,y=20):return x+y",那么表达式 fun(15)的值_____。

6. 已知函数定义"def fun(x,y):return x+y",那么表达式 fun(y=4,x=3)的值是_____。

7. 在一个函数内部要对全局变量进行修改,则需要在函数中使用_____关键字声明此变量。

8. 已知"f=lambda x:5 * x",那么表达式 f(3)的值是_____。

9. 执行下列程序后,运行结果是_____。

```
def  func1():
    global value
    value=50
value=10
func1()
print(value)
```

10. 执行下列程序后,运行结果是_____。

```
def func():
    x=20
x=10
func()
print(x)
```

### 二、判断题

1. 函数是代码复用的一种方式。(　　　)

2. 函数的定义使用 func 关键字。(　　　)

3. Python 中函数的返回值可以有多个。(　　　)

4. 定义函数时，即使该函数不需要接收任何参数，也必须保留一对空的圆括号来表示这是一个函数。（　　　）

5. 一个函数如果带有默认值参数，那么必须所有的参数都设置默认值。（　　　）

6. 在函数内部没有办法定义全局变量。（　　　）

7. 在同一个作用域内，局部变量会隐藏同名的全局变量。（　　　）

8. 定义函数时，可以通过关键字参数进行传值，从而避免必须记住函数形参顺序的麻烦。

9. 定义函数时，带有默认值的参数必须出现在参数列表的最右端，任何一个带有默认值的参数右边不允许出现没有默认值的参数。（　　　）

10. 在函数内部改变了形参的值，则对应的实参值也会随之发生改变。（　　　）

## 三、选择题

1. 下列选项中不属于函数优点的是（　　　）。
   A. 减少代码重复
   B. 使程序模块化
   C. 使程序便于阅读
   D. 便于发挥程序员的创造力

2. 下列关于函数的说法正确的是（　　　）。
   A. 函数定义时必须有形参
   B. 函数中定义的变量只在该函数体中起作用
   C. 函数定义时必须带 return 语句
   D. 实参和形参的个数可以不相同，类型可以任意

3. Python 中函数体内语句缩进（　　　）个空格。
   A. 1
   B. 4
   C. 6
   D. 2

4. 在定义函数时，使用的关键字是（　　　）。
   A. function
   B. func
   C. def
   D. public

5. 关于函数参数传递中形参与实参的说法错误的是（　　　）。
   A. Python 实行按值传递参数。所谓值传递是指在调用函数时将常量或变量的值（实参）传递给函数的参数（形参）
   B. 实参与形参分别存储在各自的内存空间中，是两个不相关的独立变量
   C. 实参和形参的名字必须相同
   D. 在函数内部改变形参的值时，实参的值一般是不会改变的

6. 创建匿名函数的关键字是（　　　）。
   A. def
   B. pass
   C. break
   D. lambda

7. 导入模块的方式错误的是（　　　）。
   A. import mo
   B. from mo import *
   C. import mo as m
   D. import m from mo

8. 以下关于模块说法错误的是（　　　）。
   A. 一个 xx.py 就是一个模块
   B. 任何一个普通的 xx.py 文件可以作为模块导入
   C. 模块文件的扩展名不一定是 .py
   D. 运行时会从制定的目录搜索导入的模块，如果没有，会报错异常

9. 在一个函数中若局部变量与全局变量重名，则（　　　）。
   A. 在函数内，局部变量起作用，全局变量不起作用

B. 在函数内,全局变量起作用,局部变量不起作用

C. 该局部变量和全局变量在函数内各起作用,互不干扰

D. 局部变量和全局变量都不起作用

10. 以下对自定义函数 def payMoney(money,day=1,interest_rate=0.03)调用错误的是(    )。

A. payMoney(5000)

B. payMoney(5000,3,01)

C. payMoney(day=2,5000,0.05)

D. payMoney(5000,rate=0.1,day=7)

**四、实践任务**

1. 编写一个名为 favorite_book()的函数,其中包含一个名为 title 的形参。通过调用这个函数打印一条消息,如 One of my favorite books is Alice in Wonderland。调用这个函数,并将一本图书的名称作为实参传递给它。

2. 写函数,利用递归获取斐波那契数列中的第 10 个数,并将该值返回给调用者。

3. 编写一个模块文件,创建若干个函数,完成在一个 800×600 的窗口中绘制夜空中的一轮黄色月牙,并从东向西运动,在运动的过程中,月牙的尺寸从大变小。

4. 编写一个程序,绘制一个卡通雪花,并且完成雪花从天空慢慢飘落。

5. 编写一个程序,自行发挥创意绘制一个图像,然后完成用键盘控制它在屏幕上移动。

# 第 4 章

# 选择与循环

## Chapter 4

**【学习目标】**

（1）掌握顺序、选择、循环程序结构。

（2）掌握三种流程控制语句的执行过程及语法。

（3）应用三种流程控制语句解决实际问题。

## 任务 4.1　选 择 结 构

**【任务描述】**

在中国结案例中，对长木板运动的左右边界加以判断，并对中国结下降的上下边界进行判断，到达边界后则反方向运动。

**【任务分析】**

（1）掌握单分支语句、双分支语句、多分支语句的执行过程。

（2）掌握单分支语句、双分支语句、多分支语句的语法。

（3）能够应用分支结构解决实际问题。

微课 4-1

### 4.1.1　if...else 结构

到目前为止，我们编写的程序都是按照书写的先后顺序，从上至下地依次执行语句1、语句2……，这种程序结构称为顺序结构。顺序结构的流程控制如图 4-1 所示。

顺序结构的执行流程如同一条笔直的路，只能往一个方向走。在实际生活中，我们要解决的问题往往有多种可能性，比如，在一条路会出现分叉时，需要根据条件判断，选择走哪一条分支，这种程序结构称为选择结构（或分支结构）。

如果只有一条分支，称为单分支的选择结构，其流程控制如图 4-2 所示。

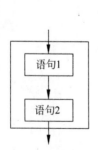

图 4-1　顺序结构的流程控制

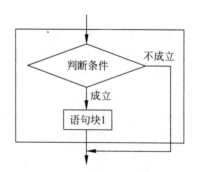

图 4-2　单分支选择结构的流程控制

单分支选择结构的流程控制是：首先判断条件，如果条件成立，则执行语句块1，if 语句结束；否则，不执行语句块1，if 语句结束。在 Python 中，使用 if 语句实现单分支的选择结构，语法规则如下：

```
if 条件表达式：
    语句块 1
```

**注意**：语句块1相对于 if 条件表达式，需要缩进四个空格，另外，if 条件表达式后有冒号，而且语句块可以包含多条语句。

**【代码 4-1】** 判断成绩是否及格，如果成绩及格，则显示"及格"。

```
1    score=eval(input("请输入成绩:"))
2    if score>=60:
3        print("及格")
```

**代码说明**：首先用户输入变量 score 的值，然后使用 if 语句判断条件，如果变量 score 的值大于等于60，则输出"及格"。注意，这里 if 语句只有一条分支，所以，如果变量 score 的值小于60，不显示任何结果。

运行结果如下：

```
请输入成绩:80
及格
请输入成绩:50
```

如果有两条分支，称为双分支的选择结构，其流程控制如图 4-3 所示。

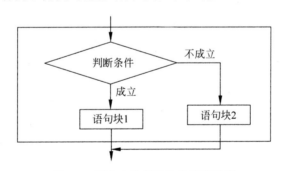

图 4-3　双分支选择结构的流程控制

双分支的选择结构的流程控制是首先判断条件，如果条件成立，则执行语句块1，if 语句结束；否则，执行语句块2，if 语句结束。Python 中，使用 if...else 语句实现双分支的选择结构，语法规则如下：

```
if 条件表达式：
    语句块 1
else:
    语句块 2
```

**注意**：单词 if 应与 else 对齐。语句块1相对于 if 条件表达式，需要缩进四个空格；语句块2相对于 else，需要缩进四个空格。另外，if 条件表达式及 else 后应有冒号，而且语句块可以包含多条语句。

**【代码 4-2】** 判断成绩是否及格,如果成绩及格,则显示"及格",否则显示"不及格"。

```
1    score=eval(input("请输入成绩:"))
2    if score>= 60:
3        print("及格")
4    else:
5        print("不及格")
```

**代码说明**:用户输入变量 score 的值。使用 if...else 语句判断条件,如果变量 score 的值大于等于 60,则输出"及格";否则,输出"不及格"。注意,这里 if...else 语句有两条分支,所以,显示结果只能是"及格"或"不及格"。

运行结果如下:

```
请输入成绩:70
及格
请输入成绩:56
不及格
```

微课 4-2

### 4.1.2  多分支语句

如果含有两条以上的分支,称为多分支的选择结构,其流程控制如图 4-4 所示。

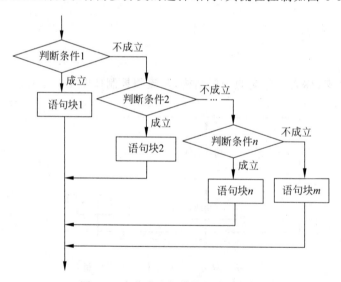

图 4-4  多分支选择结构的流程控制

多分支的选择结构的流程控制是首先需判断条件 1,如果条件 1 成立,则执行语句块 1,if 语句结束;否则,判断条件 2,如果条件 2 成立,则执行语句块 2,if 语句结束……否则,判断条件 $n$,如果条件 $n$ 成立,则执行语句块 $n$,if 语句结束;否则,执行语句块 $m$,if 语句结束。Python 中,使用 if...elif...else 语句实现多分支的选择结构,语法规则为

```
if 条件表达式 1:
    语句块 1
elif 条件表达式 2:
    语句块 2
    ...
elif 条件表达式 n:
```

```
        语句块 n
else：
        语句块 m
```

**注意**：保留字 if、elif、else 应对齐，且语句块相对于保留字 if、elif、else 的位置，需要缩进四个空格。另外，在 if 条件表达式、elif 条件表达式、else 后应有冒号，且语句块可以包含多条语句。在运行时，首先判断条件表达式 1，只有当条件表达式 1 不成立时，才能判断条件表达式 2，以此类推。

**【代码 4-3】** 判断成绩的对应等第，当成绩大于等于 90 时，等第为"优秀"；当成绩大于等于 80 时，等第为"良好"；当成绩大于等于 70 时，等第为"中等"；当成绩大于等于 60 时，等第为"及格"；当成绩小于 60 时，等第为"不及格"；当成绩小于 0 时，显示输入错误提示。

```
1    score=eval(input("请输入成绩:"))
2    if score>=90 and score<=100:        # 如果成绩大于等于 90,则显示优秀
3        print("优秀")
4    elif score>=80:                      # 如果成绩大于等于 80,则显示良好
5        print("良好")
6    elif score>=70:                      # 如果成绩大于等于 70,则显示中等
7        print("中等")
8    elif score>=60:                      # 如果成绩大于等于 60,则显示及格
9        print("及格")
10   elif score>=0:                       # 如果成绩大于等于 0,则显示不及格
11       print("不及格")
12   else:                                # 如果以上条件都不成立,则显示成绩输入有误
13       print("成绩输入有误!")
```

**代码说明**：首先用户输入变量 score 的值，然后使用 if...elif...else 语句判断条件。如果变量 score 的值大于等于 90，则输出"优秀"；否则，如果变量 score 的值大于等于 80，则输出"良好"；否则，如果 score 的值大于等于 70，则输出"中等"；否则，如果 score 的值大于等于 60，则输出"及格"；否则，如果 score 的值大于等于 0，则输出"不及格"；否则，输出"成绩输入有误!"。注意，这里 if...elif...else 语句有六条分支。只有当前一个条件不成立时，才能判断下一个条件。所以，第二个分支的判断条件完整的写法是 score>=80 and score<90，但是，这个条件是在上一个条件（score>=90）不成立的情况下进行的，即，如果程序能执行到第二个条件，说明 score 肯定小于 90，所以，分支 2 的条件可以简写成 score>=80。其他分支类似。

运行结果如下：

```
请输入成绩: 100
优秀
请输入成绩: 87
良好
请输入成绩: 76
中等
请输入成绩: 65
及格
请输入成绩: 54
不及格
请输入成绩: -34
成绩输入有误!
```

### 4.1.3 嵌套 if 语句

Python 支持 if 语句的嵌套,以上学习的各种形式的 if 语句都可以灵活的嵌套使用。if 语句的嵌套可以实现多分支选择,其流程控制如图 4-5 所示。

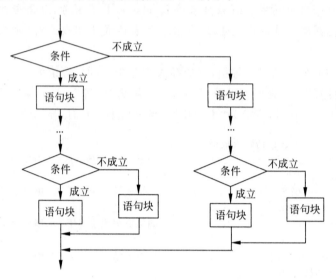

图 4-5  if 语句嵌套的流程控制

以下给出的是 if...else 语句嵌套的一种形式(根据实际应用,嵌套形式可以灵活变化)。

```
if 条件表达式 1:
    ...
    if 条件表达式 2:
        语句块 2
    else:
        语句块 3
    ...
else:
    ...
    if 条件表达式 4:
        语句块 4
    else:
        语句块 5
    ...
```

**注意**:可以实现多层 if 语句嵌套。内层 if 语句可以嵌套在外层 if 后,也可以嵌套在外层 else 后,根据实际需要,灵活使用嵌套。每层的 if 与 else 要对齐,相应的语句块缩进四个空格。

【代码 4-4】 判断成绩的等第,当成绩属于 0~59 范围时,显示"不及格";当成绩属于 60~100 范围时,则显示"及格";而当成绩小于 0 或成绩大于 100 时,则显示"成绩输入有误!"。

```
1    score=eval(input("请输入成绩:"))
2    if score>=0 and score<=100:
3        if score>=60:
```

```
4              print("及格")
5          else:
6              print("不及格")
7      else:
8          print("成绩输入有误!")
```

**代码说明**：首先用户需输入变量 score 的值。在使用 if 语句的嵌套时，内层的 if 语句嵌套在外层 if 语句的 if 部分。首先判断外层 if 语句的条件(score>=0 and score<=100)，如果条件成立，则执行嵌套的内层 if 语句。注意，执行内层 if 语句的前提是外层 if 语句的条件成立，所以，此时的 score 在 60 到 100 之间。通过内层 if 语句继续判断，如果 score 大于等于 60，则显示"及格"；否则，则显示"不及格"。如果外层 if 语句的条件不成立，则执行外层 if 语句的 else 后的语句块，显示"成绩输入有误!"。

运行结果如下：

```
请输入成绩: 88
及格
请输入成绩: 50
不及格
请输入成绩: -2
成绩输入有误!
```

## 4.1.4 任务实现

**【代码 4-5】**    在中国结案例中，使得中国结在运动到下边界时转为向上运动，在运动到上边界时转为向下运动；而当中国结落到长木板上时停止，长木板离开时向下运动。

微课 4-4

打开保存代码 3-22 的文件 knot.py，对其中的 main()函数进行如下完善后再运行。

```
1    direction=-1              # 将中国结的运动方向设为全局变量,初值为-1,向下运动
2    def main():
3        global knoty          # 声明全局变量 knoty,中国结的纵坐标,该变量定义在原文件首部
4        global direction      # 声明函数中使用的是全局变量 direction
5        t.clear()             # 清除窗口中的原有图形
6        t.pensize(4)
7        t.pencolor('red')
8        jiemain(-250,knoty,100)            # 以(-250,knoy)作为中国结的绘制基准坐标
9        if knoty<-300 or knoty>300:        # 上下边界判断
10           direction=-direction           # 改变运动方向为反方向
11       knoty= knoty+direction             # 修改中国结的纵坐标值
12       if knoty==-210+100* 2.4:
13           if startx<=-250 <=startx+150:
14               direction=0
15       elif direction==0:
16               direction=-1
17       other()                # 绘制木板和汉字
18       t.ontimer(main,58)     # 每隔 58ms 重新调用 main()函数,进行绘制,动画效果
```

**代码说明**：

（1）代码第 1 行定义一个全局变量用于保存中国结的运动方向 direction，初值为-1。

（2）代码第 3 行声明在 main()函数中使用的 direction 是全局变量而不是局部变量。

（3）代码第 9、10 行使用一个 if 语句对中国结的上下边界进行判断。因为 init 函数中设置窗口为(800,600)，所以纵坐标在 −300～300 的范围内。当超出下边界后 knoty<−300，当超出上边界后 knoty>300，因此在这里使用 or 对两个条件进行逻辑判断，只要满足一个条件，则修改 direction 为反方向。

（4）代码第 11 行使用新的 direction 值修改原值。

（5）代码第 12～16 行使用 if 嵌套语句判断中国结最底部是否与移动中的木板相遇，如果是，则 direction 变为 0，中国结停止在木板上方，当木板移动离开，则中国结继续下降。

（6）代码第 17 行的 other 是一个函数，用于调用汉字和木板的绘制函数，第 18 行的定时器每隔 58ms 重新调用 main()函数，这样可以观察到动画效果。

（7）运行效果如图 4-6 所示，左图为遇到下边界，右图为遇到上边界。如果想要达到不同的检测点，可通过修改判断条件来完成。

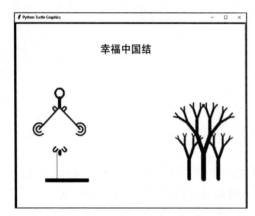

图 4-6　代码 4-5 的运行效果

微课 4-5

【代码 4-6】　在中国结案例中，使得通过键盘控制木板在到达左边界时，继续按 a 键，则木板不动。若到达右边界时，继续按 d 键则木板不再动。

打开保存代码 4-5 的文件，对其中的 move 函数进行如下完善后再加以运行。

```
1    def move(change):
2        global startx              # 声明 move 函数中的 startx 是之前定义的全局变量
3        if change<0 and startx>=-350:      # 如果没有到达左边界
4            startx+=change
5        else:                              # 如果没有到达右边界
6            if change>0 and startx+150<400:
7                startx+=change
```

**代码说明：**

（1）函数 move 用来控制木板的移动。该函数实现在程序运行时受键盘控制。

（2）代码第 2 行声明函数中使用的是全局变量 startx，此全局变量在文件 knot.py 首部。

（3）代码第 3～7 行用的是一个 if…else…if 的嵌套来完成左右边界的限制。

（4）代码第 3、4 行用于实现在向左运动时对左边界的判断，因为窗口宽度为 800，所以横坐标范围为 −400～400，因为木板每次移动的 change 值为 50，所以当 startx 为 −350 时还可以运动一次，因此左边界的判断设为 −350。change 如果为负值，则为向左运动，否则为向右运动。

（5）代码第6、7行为对向右运动时右边界的判断。因为木板长度150，所以木板的右点坐标为startx+150。

（6）修改后保存运行。一直按a键观察木板在到达左边界后的状况，再一直按d键观察木板在到达右边界后的状态，体会分支结构在边界判断中的作用。

# 任务4.2  循 环 结 构

【任务描述】

在中国结案例中，使用循环完成单个中国结的绘制，体验循环的作用。

【任务分析】

（1）掌握for循环、while循环的执行过程。

（2）掌握for循环、while循环的语法。

（3）能够应用循环结构解决实际问题。

## 4.2.1  while 循环

微课 4-6

循环结构是指在程序中反复执行某个功能的程序结构。Python提供了两种循环语句，即while语句和for语句。while语句用于在条件成立时，重复执行某功能。while语句的流程控制如图4-7所示。

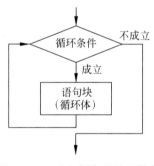

图 4-7    while 语句的流程控制

while语句用于重复执行相同的任务，执行过程为当循环条件为True时，重复执行语句块（称为循环体）；而当循环条件为False时，循环结束。while语句的语法形式为

```
while 循环条件:
    循环体
```

注意：循环体需要缩进四个空格，可以是一条语句，也可以是语句块。循环条件是一个表达式，表达式的值为True或False。在Python中，当表达式的值为零或空时，等价于False；而当表达式的值为非零或非空时，等价于True。

【代码4-7】 输出1~10的所有整数。

```
1    number=1
2    while number<=10:
```

```
3        print(number,end=' ')
4        number+=1
```

**代码说明**:首先将 number 的初始值设置为 1。对于第一遍循环,首先判断循环条件(number<=10),number 等于 1,则表达式的值为 True,执行循环体,输出当前的 number 值 1,number 值增加 1;对于第二遍循环,判断条件(number<=10),number 等于 2,表达式的值为 True,执行循环体,输出当前的 number 值 2,number 值增加 1……对于第十遍循环,判断条件(number<=10),number 等于 10,表达式的值为 True,执行循环体,输出当前的 number 值 10,number 值增加 1;而到了第十一遍循环,判断循环条件(number<=10),number 等于 11,表达式的值为 False,不执行循环体,循环语句结束。

运行结果如下:

```
1  2  3  4  5  6  7  8  9  10
```

微课 4-7

### 4.2.2  for 循环

for 语句用于遍历任何序列的项目,如字符串、列表、元组、字典、集合等序列类型,逐个获取序列中的各个元素。for 语句的流程控制如图 4-8 所示。

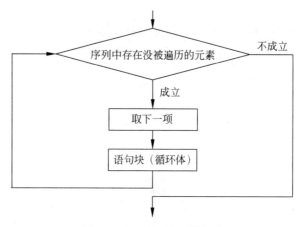

图 4-8  for 语句的流程控制

for 语句用于重复提取序列的元素,并执行循环体,在程序执行过程中,当序列中存在没被遍历的元素时,提取没被遍历的元素,保存在迭代变量中,执行循环体;而当序列中不存在没被遍历的元素时,则循环结束。for 语句语法形式为

```
for 迭代变量 in 序列:
    循环体
```

**注意**:循环体需要缩进四个空格,可以是一条语句,也可以是语句块。迭代变量用于存放从序列中读取出来的元素,因此,迭代变量一般无须手动赋值。

**【代码 4-8】** 输出 1~10 的所有整数。

```
1    for i in range(1,11):
2        print(i,end=' ')
```

**代码说明**:在执行第一遍循环时,序列中提取 1,保存在迭代变量 i 中,执行循环体,输出

1；在执行第二遍循环时，序列中提取 2，保存在迭代变量 i 中，执行循环体，输出 2……在执行第十遍循环时，序列中提取 10，保存在迭代变量 i 中，执行循环体，输出 10。在序列中的元素全部遍历过后，for 循环结束。

运行结果如下：

```
1  2  3  4  5  6  7  8  9  10
```

## 4.2.3 continue 语句、break 语句、else 语句

对于 while 循环和 for 循环，只要循环条件成立，就会一直执行循环体，直到循环条件不成立为止。但在有些应用中，我们需要在循环过程中强制结束循环，Python 有两种强制退出循环的语句。

（1）continue 语句。用于退出本次循环，即跳过本次循环体中剩余的代码，回到循环的起始处，从而进入下一次循环。

**【代码 4-9】** 输出字符串中除了"啊"以外的其他字符。

微课 4-8

```
1    str='中国结啊是真善美啊的象征！'
2    for c in str:
3        if c=='啊':              # 判断当前字符是否是"啊"
4            continue            # 结束本次循环，进入下次循环
5        print(c,end='')         # if 语句判断条件不成立，则打印字符
```

**代码说明**：在 for 循环执行过程中，执行第一遍循环时，在字符串 str 中提取"中"字符，保存在迭代变量 c 中，执行循环体，循环体中有两条语句，第一条语句（第 3 行）是 if 判断语句，当前 c 不等于"啊"，故不满足条件，则不执行 if 后的 continue 语句，if 语句结束，因此执行第二条语句（第 5 行）输出 c，输出结果为字符"中"；……；在执行第四遍循环时，在字符串 str 中提取字符"啊"，保存在迭代变量 c 中，执行循环体，循环体中有两条语句，第一条语句是 if 判断语句，当前 c 等于"啊"，满足条件，执行 if 后的 continue 语句。此时，会跳过 for 循环中剩下的语句，即不执行第二条语句，回到 for 循环的开始处，进入下一遍的循环。

运行结果如下：

中国结是真善美的象征！

（2）break 语句。可以退出整个循环，执行循环语句后面的其他语句。

**【代码 4-10】** 输出字符串，当遇到"的"字就结束。

微课 4-9

```
1    str='中国结是真善美的象征！'
2    for c in str:
3        if c=='的':
4            break
5        print(c,end='')
6    print('\n已退出 for 循环')
```

**代码说明**：在 for 循环执行过程中，在进行第一遍循环时，在字符串 str 中提取"中"字，保存在迭代变量 c 中，执行循环体，循环体中有两条语句，第一条语句（第 3 行）是 if 判断语句，当前 c 不等于"的"字，不满足条件，不执行 if 后的 break 语句，if 语句结束，因此执行第二条语句（第 5 行）输出 c，输出结果为"中"字符；……；在执行第八遍循环时，在字符串 str 中提取"的"字，保存在迭代变量 c 中，执行循环体，循环体中有两条语句，第一条语句是 if 判断语句，当前

变量 c 等于"的"字,满足条件,执行 if 后的 break 语句,此时,会退出整个 for 循环语句,执行 for 语句后面的其他语句,从而输出"已退出 for 循环"。

运行结果如下:

中国结是真善美
已退出 for 循环

(3) 可以在 while 循环或 for 循环语句中,加一个 else 语句,其作用是当循环条件不成立,跳出循环时,执行 else 语句块。

微课 4-10

**【代码 4-11】** 输出 1~10 的整数。

```
1    number=1
2    while number<=10:
3        print(number,end='')
4        number+=1
5    else:
6        print("\n 循环已经结束")
7    print("其他语句")
```

**代码说明:** while 循环执行完第 10 遍循环,输出 10 后,number 变为 11,在执行第 11 遍循环时,while 循环条件不成立,此时,结束 while 循环。接下来首先执行 else 语句块,第 6 行输出"循环已经结束",然后执行第 7 行,输出"其他语句"。

运行结果如下:

1 2 3 4 5 6 7 8 9 10
循环已经结束
其他语句

**【代码 4-12】** 输出 1~10 的整数,当遇到 7 就结束循环。

```
1    number=1
2    while number<=10:
3        if number==7:
4            break;
5    print(number,end='  ')
6        number+=1
7    else:
8        print("\n 循环已经结束")
9    print("其他语句")
```

**代码说明:** while 循环执行到第 6 遍后,输出 6 后,number 变为 7,再执行第 7 遍循环,因为 if 语句条件成立,执行 break 语句,退出整个 while 循环语句,所以不会执行 else 语句块,从而执行第 9 行,即输出"其他语句"。

运行结果如下:

1 2 3 4 5 6 其他语句

### 4.2.4 任务实现

在中国结案例中,需要综合使用前面所学的知识,包括变量的使用、函数的使用、选择流程控制、循环流程控制等。

**【代码4-13】** 使用循环实现绘制中国结的结心。

```
1    def center(x,y,size):
2        k=x
3        l=y
4        i=0
5        while i<11:
6            upgoto(x,y)
7            t.seth(-45)
8            t.fd(size)
9            x-=size/10/pow(2,0.5)
10           y-=size/10/pow(2,0.5)
11           i=i+1
12       x=k
13       y=l
14       for j in range(11):
15           upgoto(x,y)
16           t.seth(-135)
17           t.fd(size)
18           x+=size/10/pow(2,0.5)
19           y-=size/10/pow(2,0.5)
```

微课4-11

**代码说明:**

(1) 打开保存代码4-6的knot.py文件,修改函数center,再运行程序。

(2) 函数center的参数是x、y、size,即以坐标(x,y)结心最上面两条交叉线交点的位置,结心的每条线长度为size。

(3) 代码第4~11行使用while循环绘制如图4-9所示的11条红线,循环变量i初值为0,每次循环完成后+1,从而控制循环重复11次。

图4-9 利用循环结构语句绘制中国结某一个方向的所有红线

(4) 代码第6行代码是调用upgoto函数将画笔提至坐标(x,y)处落下。

(5) 代码第7行为调整绘制角度-45°,即向右下方向,绘制长度为size。

(6) 每条红线的坐标都相对于前一条红线的坐标向左下角45°方向,两条红线之间的距离是step=size/10,即一个小直角三角形的斜边,两条直角边分别是两条红线起点(x,y)坐标的差值。于是每绘制完一条红线,修改坐标为x-=size/10/pow(2,0.5),y-=size/10/pow(2,0.5)。

(7) 代码第2、3和12、13行的作用是在进入函数时保存当时的x、y值,因为在如图4-9所示的绘制过程中,x、y发生了变化,而绘制另11条红线时依然需要从原来的x、y开始进行。

(8) 代码第14~19行使用for循环完成另外方向的11条红线的绘制。

(9) 代码第16行设置绘制方向为-135°方向,即向左下方。这个方向每条红线相对前一条是在右下方的方向,所以计算新坐标公式x+=size/10/pow(2,0.5),y-=size/10/pow(2,0.5),x值不断增大,从而向右移动。

运行结果如图 4-10 所示。可以尝试把 init 函数中的 t. hideturtle()注释掉,重新运行,观察绘制的过程,从而更好地了解程序。

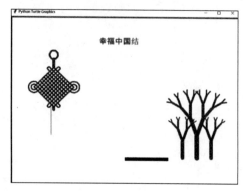

图 4-10　加入循环实现绘制中国结的结心效果

微课 4-12

【代码 4-14】　使用循环语句实现绘制中国结左上侧的一排拱形。

```
1    def arc(x, y, size):
2        step=size/10
3        m=x-step/pow(2,0.5)              # 左上侧第一个拱形横坐标计算公式
4        n=y-step/pow(2,0.5)              # 左上侧第一个拱形纵坐标计算公式
5        for k in range(4):              # 增加循环控制,循环 4 次
6            upgoto(m,n)
7            t.seth(135)                 # 绘制方向 135°角,即向左上方
8            t.fd(step)                  # 绘制一条直线,长度 step
9            t.circle(step/2,180)        # 逆时针绘制一个半圆,半径 step/2
10           t.fd(step)                  # 绘制另一条直线,长度 step
11           m-=step* 2/pow(2,0.5)       # 补充代码,用于计算本组中下一拱形的起始横坐标
12           n-=step* 2/pow(2,0.5)       # 补充代码,用于计算本组中下一拱形的起始横坐标
13       # 第二组拱形
14       m=x+step/pow(2,0.5)
15       n=y-step/pow(2,0.5)
16       upgoto(m,n)
17       t.seth(45)
18       t.fd(step)
19       t.circle(-step/2,180)
20       t.fd(step)
21       # 第三组拱形
22       m=x+step/pow(2,0.5)
23       n=y-size* pow(2,0.5)+ step/pow(2,0.5)
24       upgoto(m,n)
25       t.seth(-45)
26       t.fd(step)
27       t.circle(step/2,180)
28       t.fd(step)
29       # 第四组拱形
30       m=x-step/pow(2,0.5)
31       n=y-size* pow(2,0.5)+step/pow(2,0.5)
32       upgoto(m,n)
33       t.seth(-135)
34       t.fd(step)
35       t.circle(-step/2,180)
36       t.fd(step)
```

**代码说明：**

（1）函数 arc()用来绘制中国结 4 条外边周围的四组拱形,之前的代码只对每组实现了一个拱形的绘制。代码 4-13 使用 for 循环对函数进行了扩展,实现了第一组如图 4-11 所示的 4 个拱形的绘制。

图 4-11　循环实现绘制中国结左上侧的一排拱形效果

（2）代码第 5 行是新增加的循环语句,控制循环执行 4 次。第 6～12 行是绘制拱形的循环代码,每行代码缩进 4 个字符。第 6～10 行是原有代码,之前有过说明。第 11、12 行是扩展的代码。因为 4 个拱形图形相似,只是起始位置不同,因此在完成一个拱形的绘制后需要根据当前的拱形的初始点位置计算下一个拱形的初始位置。请自行研究 $m-=step*2/pow(2,0.5)$,$n-=step*2/pow(2,0.5)$ 公式计算方法的原因。

（3）保存修改 drawknot.py 后运行,运行结果如图 4-12 所示。

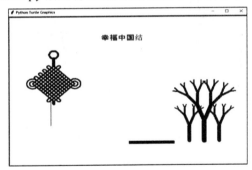

图 4-12　完善一排拱形后的中国结效果

**思考题**：根据对第一组拱形的扩展,思考如何对后面三组拱形代码进行扩展,形成如图 4-13 所示的四组拱形效果。

**【代码 4-15】** 使用循环绘制完善中国结的穗子。

微课 4-13

```
1    def tassel(x,y,size):
2        step=size/10
3        # 原代码用于绘制下方的粗结
4        upgoto(x,y-size* pow(2,0.5))
5        t.pensize(step)
6        t.seth(-90)
7        t.fd(step)
8        # 绘制下方细穗子
9        t.pensize(1)
10       s=x-step
```

```
11        m=y-size* pow(2,0.5)
12        for i in range(11):              # 增加循环控制
13            upgoto(s,m)
14            t.seth(-90)
15            t.fd(size)
16            s+=step/5                    # 扩充代码
```

**代码说明：**

（1）函数 tassel()用来绘制中国结下方的穗子。之前的代码绘制了如图 4-13 所示的结心下方的粗结（代码第 4～7 行）和一条细穗。

（2）代码第 11 行是计算所有穗子的起点纵坐标。

（3）代码第 12 行是新增加的循环语句，控制循环执行 11 次。

（4）代码第 13～15 行实现的是到达当前穗子的起始位置（s,t），然后方向向下绘制一条长度为 size 的细红线。

（5）代码第 16 行是扩充的代码，用于计算下一条细穗子的横坐标，为当前穗子的向右 step/5 的位置。绘制 11 条穗子的代码中只有横坐标不同，其他内容相同，所以在循环中需要改变的只有这一项内容。

（6）保存修改 drawknot.py 后运行，运行结果如图 4-13 所示。

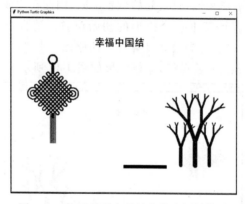

图 4-13　使用循环实现的完整中国结效果

# 小　　结

本章介绍了选择控制结构语句、循环结构语句的语法和应用。另外，介绍了 if 语句、while 循环、for 循环以及 continue、break 语句的使用。而且以绘制中国结的案例为任务，综合使用选择及循环流程控制语句，实现了中国结的绘制。

# 习　　题

**一、填空题**

1. "for i in range(4):print(i,end＝',')"语句的输出结果为_____。

2. Python 中包括_____、_____两种循环语句。

3. 使用_____语句，可以退出循环。

4. 在循环语句中,_____语句的作用是提前进入下一次循环。

5. 表达式 5 if 5>6 else (6 if 3>2 else 5) 的值为_____。

6. Python 关键字 elif 表示_____和_____两个单词的缩写。

7. 执行循环语句"for i in range(1,5,2):print(i)",循环体执行的次数是_____。

8. 下面程序的执行结果是_____。

```
s=0
for i in range(1,101):
    s+=i
else:
    print(1)
```

9. 若 k 为整数,下述 while 循环执行的次数为_____。

```
k=1000
while k>1:
    print(k)
    k=k//2
```

10. 循环语句 for i in range(-3,21,-4)是_____。

## 二、判断题

1. 对于带有 else 子句的 for 循环和 while 循环,当循环因循环条件不成立而自然结束时会执行 else 中的代码。( )

2. continue 语句可以退出整个循环。( )

3. 带有 else 子句的循环如果因为执行了 break 语句而退出的话,则会执行 else 子句中的代码。( )

4. 如果仅仅是用于控制循环次数,那么使用 for i in range(20)和 for i in range(20,40)的作用是等价的。( )

5. 在编写多层循环时,为了提高运行效率,应尽量减少内循环中不必要的计算。( )

6. 在 Python 中可以使用 for 作为变量名。( )

7. 在 Python 中,循环语句 while 的判断条件为 1 是永真条件。( )

8. if...else 语句的嵌套完全可以代替 if...elif 语句。( )

9. 每一个 if 条件表达式后都要使用冒号。( )

10. while 循环不可以和 for 循环嵌套使用。( )

## 三、选择题

1. 关于 Python 的分支结构,以下选项描述错误的是( )。

    A. 分支结构使用 if 保留字

    B. Python 中 if...else 语句用来形成二分支结构

    C. Python 中 if...elif...else 语句描述多分支结构

    D. 分支结构可以向已经执行过的语句部分跳转

2. 下面代码的输出结果是( )。

```
for s in "HelloWorld":
    if s=="W":
        continue
    print(s,end="")
```

A. Hello　　　B. World　　　C. HelloWorld　　　D. Helloorld

3. 下面代码的输出结果是(　　)。

```
sm=1
for  i  in range(1,101):
    sum+=i
print(sum)
```

A. 5052　　　B. 5051　　　C. 5049　　　D. 5050

4. 关于 Python 循环结构,以下选项中描述错误的是(　　)。

A. break 用来跳出最内层 for 或者 while 循环,脱离该循环后程序从循环代码后继续执行

B. 每个 continue 语句只有能力跳出当前层次的循环

C. 遍历循环中的遍历结构可以是字符串、文件、组合数据类型和 range()函数等

D. Python 通过 for、while 等保留字提供遍历循环和无限循环结构

5. 用来判断当前 Python 语句在分支结构中的是(　　)。

A. 引号　　　B. 冒号　　　C. 大括号　　　D. 缩进

6. 关于 Python 的无限循环,以下选项中描述错误的是(　　)。

A. 无限循环一直保持循环操作,直到循环条件不满足才结束

B. 无限循环也称为条件循环

C. 无限循环通过 while 保留字构建

D. 无限循环需要提前确定循环次数

7. 实现多路分支的最佳控制结构是(　　)。

A. if　　　B. try　　　C. if...elif...else　　　D. if...else

8. 以下选项中能够实现 Python 循环结构的是(　　)。

A. loop　　　B. do...for　　　C. while　　　D. if

9. 下面代码的输出结果是(　　)。

```
for  i  in  range(1,6):
    if  i% 3==0:
        break
    else:
        print(I,end=",")
```

A. 1,2,3　　　B. 1,2,3,4,5,6　　C. 1,2　　　D. 1,2,3,4,5

10. 下面代码的输出结果是(　　)。

```
sum=0
for  i  in range(0,100):
    if i% 2==0:
        sum-=i
    else:
        sum+ =i
print(sum)
```

A. 50　　　B. 49　　　C. 50　　　D. −49

## 四、实践任务

1. 输入 $a$、$b$、$c$,求方程 $ax^2+bx+c=0$ 的根。

2．求水仙花数。（水仙花数是指一个三位数，其各位数字立方和等于该数本身。）

3．根据所学内容，将第 3 章绘制中国结的各个函数进行完善，能够绘制一个完整的单个中国结。

4．企业发放的奖金根据利润提成。利润（$i$）低于或等于 10 万元时，奖金可提 10%；利润高于 10 万元，低于 20 万元时，低于 10 万元的部分按 10%提成，高于 10 万元的部分，可提 7.5%；利润在 20 万到 40 万之间时，高于 20 万元的部分，可提 5%；利润在 40 万到 60 万之间时高于 40 万元的部分，可提 3%；利润在 60 万到 100 万之间时，高于 60 万元的部分，可提 1.5%，高于 100 万元时，超过 100 万元的部分按 1%提成，从键盘输入当月利润 $i$，求应发放奖金总数？

5．有数字 1、2、3、4，能组成多少个互不相同且无重复数字的三位数？都是多少？

# 第 5 章

# 组合数据类型

【学习目标】

（1）了解 3 类基本组合数据类型。

（2）理解元组概念并掌握 Python 中元组的使用。

（3）理解列表概念并掌握 Python 中列表的使用。

（4）理解字典概念并掌握 Python 中字典的使用。

（5）理解集合概念并掌握 Python 中集合的使用。

（6）综合运用组合数据类型实现中国结的绘制。

在第 2 章中介绍了 Python 的基本数据类型，包括整数类型、浮点数类型等，这些类型仅能表示单个数据元素。然而，在实际应用中通常存在大量需要同时处理多个数据元素的情况，这需要将多个数据元素有效组织起来并进行统一表示，这种能够同时表示多个数据元素的类型称为组合数据类型。

组合数据类型能够将多个同类型或不同类型的数据元素组织起来，通过统一的表示使数据操作更有序、更容易。根据数据元素之间关系的不同，可把组合数据类型分为 3 类，即序列类型、映射类型和集合类型。序列类型是一个元素向量，元素之间存在先后关系，通过索引下标访问，可出现重复元素，Python 中的序列类型包括元组、列表和字符串（将在第 6 章进行介绍）；映射类型是"键—值"数据项的组合，每个元素是一个键值对，Python 中的字典就属于映射类型；集合类型是一个元素集合，元素之间无序，并不能存在重复元素。下面对这 3 类基本组合数据类型进行详细介绍。

## 任务 5.1　元组的概念及操作

【任务描述】

针对第 1 章中的中国结动画综合案例，将绘制中国结的位置、大小定义成元组，并通过元组的操作实现在不同位置和不同尺寸绘制中国结。

【任务分析】

（1）理解元组概念和定义。

（2）掌握元组的常用操作。

（3）掌握元组的函数。

元组（tuple）是包含 0 个或多个数据元素的不可变序列类型。元组生成后是固定的，不能修改、删除其中的任何数据元素，也不能向其中添加数据元素。

元组是序列类型中比较特殊的类型，因为它一旦被创建就不能被修改。元组类型在表达固定数据项、函数多返回值、多变量同步赋值、循环遍历等情况时十分有用。

## 5.1.1 元组的定义

Python 中元组采用逗号和圆括号(可省略)来表示。

【代码 5-1】 定义元组。

```
1    mscore=(80,90.5,77,60,43)
2    mscore=80,90.5,77,60,43              # 忽略圆括号
3    null_tuple=()                        # 空元组
4    nest_tuple=((80,80,90),(70,60,95.5)) # 元组中的数据可以是元组
```

代码说明:

(1) 代码第 1 行定义了元组 mscore,元组中的数据放在圆括号中,各个数据之间由逗号隔开。

(2) 代码第 2 行是 mscore 的另一种定义形式,圆括号可以忽略。

(3) 代码第 3 行定义了一个空元组 null_tuple,即元组中没有任何数据,但此时圆括号必须保留。

(4) 代码第 4 行定义了一个元组 nest_tuple,它的数据仍可以是元组或者其他组合数据类型。

元组中可以包含不同数据类型,例如元组 mscore 中就包含了整型和浮点型。

## 5.1.2 元组的常用操作

1. 索引

序列类型中的所有元素都有序号,序号从 0 开始递增,这样的序号我们称为索引(或下标),可以通过下标访问序列中的各个元素。所以,我们可以使用索引访问元组中的元素。

【代码 5-2】 使用正数索引获取元组中元素。

```
1    mscore=(80,90.5,77,60,43)
2    first=mscore[0]
3    last=mscore[4]
4    print(first,last)
```

代码说明:

(1) 代码第 1 行定义了一个元组 mscore。

(2) 代码第 2 行使用索引 0 获取 mscore 中的第一个元素,这里是数据 80,并把该元素赋值给变量 first。

(3) 代码第 2 行使用索引 4 获取 mscore 中的最后一个元素,这里是数据 43,并把元素赋值给变量 last。

(4) 代码第 4 行打印变量 first 和 last 的值。

(5) 索引从 0 开始,索引 0 指向元组的第一个元素,索引的最大值为元素个数—1。如果索引超出其最大值,则会提示 tuple index out of range 错误,例如,使用 mscore[5]获取元组中的元素,则会报错。

当然,在 Python 中还存在负数索引,当使用负数索引获取元素时,Python 将从右(即从最后一个元素)开始往左数,因此索引—1 指向元组的最后一个元素,索引最小值为负的元素个

数。如果负数索引小于最小值,也会报 tuple index out of range 错误。下面给出使用负数索引访问元组中元素的代码:

**【代码 5-3】** 使用负数索引获取元组中元素。

```
1    mscore=(80,90.5,77,60,43)
2    nfirst=mscore[-1]
3    nlast=mscore[-5]
4    print(nfirst,nlast)
```

**代码说明:**

(1) 代码第 1 行定义了一个元组 mscore。

(2) 代码第 2 行使用负数索引 -1 获取 mscore 中的最后一个元素,这里是数据 43,并把元素赋值给变量 nfirst。

(3) 代码第 3 行使用负数索引 -5 获取 mscore 中的第一个元素,这里是数据 80,并把元素赋值给变量 nlast。

(4) 代码第 4 行打印变量 nfirst 和 nlast 的值。

(5) 正数索引和负数索引示例如图 5-1 所示。

图 5-1　正负索引示例图

代码 5-4

**2. 切片**

除使用索引访问元组中的单个元素外,还可以使用切片(slicing)访问元组中特定范围内的元素。为此,可使用两个索引,并用冒号分割。

**【代码 5-4】** 使用切片获取元组的一部分元素。

```
1    numbers=(1,2,3,4,5,6,7,8,9,10)
2    first_five=numbers[0:5]
3    last_five=numbers[-5:]
4    print(first_five)
5    print(last_five)
```

**代码说明:**

(1) 代码第 1 行定义了一个元组 numbers。

(2) 代码第 2 行使用两个索引 0 和 5 获取 numbers 在索引位置 0 到 5 之间的元素(不包括索引 5 指定的元素),这里为(1,2,3,4,5),并保存在变量 first_five 中。

(3) 代码第 3 行使用一个索引 -5 并省略第二个索引获取元组 numbers 在索引位置 -5 之后的元素,这里是(6,7,8,9,10),并保存在变量 last_five 中。

(4) 代码第 3、4 行打印变量 first_five 和 last_five 的值。

切片适用于提取元组中的一部分,其中的第一个索引是包含的第一个元素的序号,但第二个索引是切片后余下的第一个元素的序号。简而言之,两个索引指定了切片的左右边界,其中第一个索引指定的元素包含在切片内,但第二个索引指定的元素不包含在切片内。如果想把最后一个元素包含在切片内,第二个索引可以省略,但索引间的冒号不能省略(见第3行代码)。

如果切片始于元组的开头,可省略第一个索引。而如果切片结束于元组的末尾,可省略第二个索引。如果需要拷贝元组的所有元素,可将两个索引都忽略。还值得注意的是,如果第一个索引指定的元素位于第二个索引指定的元素后面,结果就为空元组。

【代码5-5】 切片中索引的省略。

```
1    numbers= (1,2,3,4,5,6,7,8,9,10)
2    first_five_1=numbers[:5]
3    numbers1=numbers[:]
4    nullnum=numbers[9:-6]
5    print(first_five_1)
6    print(numbers1)
7    print(nullnum)
```

**代码说明:**

(1) 代码第2行用于获取元组 numbers 从开头到索引5之间的元素(不包括索引5指定的元素),省略了第一个索引,获取的值为(1,2,3,4,5)。

(2) 代码第3行用于拷贝元组 numbers 的所有元素到变量 numbers1(也是元组),省略了两个索引,获取的值为(1,2,3,4,5,6,7,8,9,10)。

(3) 代码第4行中第一个索引9指定的元素(即最后一个元素)位于第二个索引−6指定的元素之后,所以变量 nullnum 的值为空元组()。

在之前执行切片操作时,我们显式或隐式地指定了切片的起点和终点,但通常忽略了另一个参数,即步长。如果不指定步长,则默认为1,这意味着从一个元素移到下一个元素,因此切片包含从起点到终点之间的所有元素。

【代码5-6】 使用切片获取元组中的奇数。

```
1    numbers= (1,2,3,4,5,6,7,8,9,10)
2    all_num=numbers[::1]
3    odd_num=numbers[::2]
4    print(all_num)
5    print(odd_num)
```

**代码说明:**

(1) 代码第2行省略了两个索引,表示获取元组 numbers 中所有元素,添加了第3个参数,即步长为1,该切片包含 numbers 中的所有元素,如果省略第3个参数,结果也是一样。

(2) 代码第3行类似于第2行,只是步长设定为2,该切片获取 numbers 中的所有奇数,即(1,3,5,7,9)。

当然,步长不能为0,否则无法向前移动,但可以为负数,即从右向左提取元素。例如从元组 numbers 中获取所有偶数元素。

【代码5-7】 使用负步长获取元组中的偶数。

```
1    numbers=(1,2,3,4,5,6,7,8,9,10)
2    even_num=numbers[::-2]
3    print(even_num)
```

上述代码中,步长设定为-2,从元组的右边开始获取所有的偶数,即(10,8,6,4,2)。

### 3. 拼接

可使用加法(+)实现元组的拼接。一般而言,在进行元组拼接时,不能拼接不同类型的序列。

**【代码 5-8】** 两个元组的拼接。

```
1    first_five=(1,2,3,4,5)
2    last_five=(6,7,8,9,10)
3    numbers=first_five + last_five
4    print(numbers)
```

**代码说明:**

(1) 代码第 1、2 行定义了 2 个元组 first_five 和 last_five。

(2) 代码第 3 行通过"+"号把 first_five 和 last_five2 个元组拼接成一个元组 numbers,其中包括 2 个元组中的所有元素,即(1,2,3,4,5,6,7,8,9,10)。

### 4. 乘法

将元组与数 x 相乘,将重复这个元组 x 次来创建一个新元组。

**【代码 5-9】** 重复元组 3 次。

```
1    chr=('do','lai','mi')
2    chr_3=chr* 3
3    print(chr_3)
```

**代码说明:**

(1) 代码第 1 行定义了一个元组 chr,包含 3 个字符串。

(2) 把元组 chr 乘以 3,chr 中的元素重复 3 次并创建新元组 chr_3,其值为('do','lai','mi','do','lai','mi','do','lai','mi')。

### 5. 成员资格

要检查特定的值是否包含在元组中,可使用运算符 in。这个运算符与前面讨论的运算符(如加法、乘法运算符)稍有不同。它检查指定元素是否包含在元组中,如果是,则返回 True,否则返回 False。这样的运算符称为布尔运算符,返回值称为布尔值。

**【代码 5-10】** 检查指定的元素是否在元组中。

```
1    numbers=(1,2,3,4,5,6,7,8,9,10)
2    print(8 in numbers)
3    print(11 in numbers)
4    print(11 not in numbers)
```

**代码说明:**

(1) 代码第 2 行通过运算符 in 检查元素 8 是否在元组 numbers 中,结果返回 True。

(2) 代码第 3 行通过运算符 in 检查元素 11 是否在元组 numbers 中,结果返回 False。

(3) 代码第 4 行通过 in 的对偶运算符 not in 检查元素 11 是否不在元组 numbers 中,结果返回 True。

运算符 not in 是 in 的对偶运算,它检查指定元素是否不包含在元组中,如果不包含,则返回 True,否则返回 False。

## 5.1.3　元组的函数

### 1. len()函数

len()函数返回元组包含的元素个数。

【代码 5-11】　len()函数。

```
1    numbers=(1,2,3,4,5,6,7,8,9,10)
2    print(len(numbers))
```

上述代码中使用 len(numbers)函数返回元组 numbers 中的元素个数 10。

### 2. max()函数

max()函数返回元组中元素的最大值。如果元组由字符组成,则返回字符中 ASCII 码值最大的字符。

【代码 5-12】　max()函数。

```
1    numbers=(1,2,3,4,5,6,7,8,9,10)
2    print(max(numbers))
```

上述代码中使用函数 max(numbers)返回元组 numbers 中的最大值 10。

### 3. min()函数

min()函数返回元组中元素的最小值。如果元组由字符组成,则返回字符中 ASCII 码值最小的字符。

【代码 5-13】　min()函数。

```
1    numbers=(1,2,3,4,5,6,7,8,9,10)
2    print(min(numbers))
```

上述代码中使用 min(numbers)函数返回元组 numbers 中的最小值 1。

### 4. tuple()函数

tuple()函数把其他序列类型转换为元组。

【代码 5-14】　tuple()函数。

```
1    chr="abcdefg"
2    print(tuple(chr))
```

上述代码中使用函数 tuple(chr)将字符串常量 abcdefg 转换成元组('a','b','c','d','e','f','g')。

## 5.1.4　任务实现

【代码 5-15】　打开之前已经完成的代码文件 code4_15.py,并修改 main()函数。

```
1    tuple_jie=(-250,0,100)
2    def main():
3        global knoty            # 声明全局变量 knoty,中国结的纵坐标,该变量定义在原文件首部
4        global direction         # 声明函数中使用的全局变量 direction
5        t.clear()               # 清除窗口中的原有图形
6        t.pensize(4)
7        t.pencolor('red')
8        jiemain(tuple_jie[0],knoty,tuple_jie[2])   # 以 (-250,knoy) 作为中国结的绘制
                                                     #   基准坐标
9        if knoty<-300 or knoty>300:                # 上下边界判断
10           direction=-direction                   # 改变运动方向为反方向
11       knoty=knoty+direction                      # 修改中国结的纵坐标值
12       if knoty==-210+100*2.4:
13           if startx <=-250 <=startx+150:
14               direction=0
15           elif direction==0:
16               direction=-1
17       hanzi()
18       obstacle(startx)
19       drawtree.treemain(200,-200,60)
20       drawtree.treemain(250,-200,80)
21       drawtree.treemain(300,-200,60)
22       t.ontimer(main,58)
```

**代码说明:**

(1) 代码第 1 行使用元组 tuple_jie 定义绘制中国结的位置(即 x 和 y 坐标)和大小。

(2) 代码第 8 行使用索引操作分别获得元组 tuple_jie 中的 3 个值,并作为 jiemain() 函数的参数,其他代码不需改变,保存文件 drawknot.py 后运行。运行结果如图 5-2 所示。可以看到虽改变了数据结构,但并没有影响运行结果,而只是换了一种表示数据的方法。

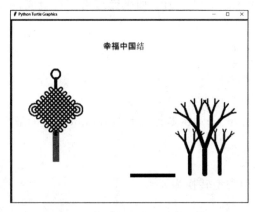

图 5-2　使用元组实现的中国结

# 任务 5.2　列表的概念及操作

## 【任务描述】

针对第 1 章中的中国结动画综合案例,将绘制中国结的位置、大小定义成列表,并通过列表的操作实现在不同位置、使用不同颜色绘制中国结。

**【任务分析】**

（1）理解一维列表的概念和定义。

（2）掌握一维列表的常用操作。

（3）掌握一维列表的方法和函数。

（4）理解和掌握二维列表。

列表（list）是指包含 0 个或多个数据元素的可变序列类型，即可以对其内容进行修改，所以列表的使用最为灵活。元组的常用操作（如索引、切片等）和函数同样适用于列表，此外，列表有很多特有的方法。

## 5.2.1 一维列表的定义

Python 中一维列表（之后的表述中直接称为列表）采用逗号和方括号（不可省略）来表示。

**【代码 5-16】** 定义列表。

```
1    mscore=[80,90.5,77,60,43]
2    null_list=[]                         # 空列表
3    nest_list=[[1,2,3],["a","b","c"]]    # 列表中的元素可以是列表
```

**代码说明：**

（1）代码第 1 行定义了列表 mscore，列表中的数据放在方括号中，各个数据之间由逗号隔开。

（2）代码第 2 行定义了一个空列表 null_list，即列表中没有任何数据，但此时方括号必须保留。

（3）代码第 3 行定义了一个列表 nest_list，它的数据仍可以是列表或者其他组合数据类型。

## 5.2.2 一维列表的常用操作

5.2.1 小节中所提及的元组的常用操作如索引、切片、拼接、乘法和成员资格也都适用于列表，在此不再赘述。下面详细介绍列表特有的操作。

### 1. 修改列表

修改列表很容易，只需要使用索引表示法给特定位置的元素进行赋值就可实现修改列表中的元素。

**【代码 5-17】** 修改列表。

```
1    mscore=[80,90.5,77,60,43]
2    mscore[4]=74
3    print(mscore)
```

**代码说明：**

（1）代码第 1 行定义了列表 mscore。

（2）代码第 2 行把 mscore 中第 5 个元素的值修改为 74，最终 mscore 的值为[80,90.5,77,60,74]。

### 2. 删除元素

从列表中删除元素也很容易，只需使用 del 语句即可。

**【代码 5-18】** 删除元素。

```
1    mscore=[80,90.5,77,60,43]
2    del mscore[2]
3    print(mscore)
```

**代码说明**：代码第 2 行通过 del 语句把列表 mscore 中的第 3 个元素删除，最终 mscore 的元素为[80,90.5,60,43]。注意到第 3 个元素 77 在列表中彻底消失了，同时，列表的长度从 5 变成了 4。

3. 给切片赋值

切片是一项极其强大的功能，而能够给切片赋值让这项功能显得更强大。

**【代码 5-19】** 给切片赋值。

```
1    mscore=[80,90.5,77,60,43]
2    mscore[2:]=[85,92,96,100]
3    print(mscore)
```

**代码说明**：代码第 2 行从第 3 个索引位置开始给列表 mscore 赋予新的值[85,92,96,100]，原 mscore 中从第 3 个索引位置开始到最后一个位置的元素被新值替换，同时又增加了一个元素。新列表 mscore 的元素变为[80,90.5,85,92,96,100]。

可见，通过使用切片赋值，可将切片替换成为长度与其不同的序列。另外，使用切片赋值还可在不替换原有元素的情况下插入新元素。

**【代码 5-20】** 插入新元素。

```
1    numbers=[1,5]
2    numbers[1:1]=[2,3,4]
3    print(numbers)
```

**代码说明**：代码第 2 行中 numbers[1:1]是个空切片，这里用一个列表[2,3,4]替换了这个空切片，就相当于在列表中插入新元素，新列表 numbers 变为[1,2,3,4,5]。

当然，我们也可以采用相反的措施删除切片。

**【代码 5-21】** 删除切片。

```
1    numbers=[1,2,3,4,5]
2    numbers[1:4]=[]
3    print(numbers)
```

**代码说明**：代码第 2 行中把切片 numbers[1:4]赋值为空列表，也即是从第 2 个位置的元素到第 4 个位置的元素从列表中删除，最后列表 numbers 变为[1,5]。

### 5.2.3　一维列表的方法和函数

方法是与对象（如列表、字符串等）联系紧密的函数。通常，调用方法的语法如下：

```
object.method(arguments)
```

方法调用需要在方法名前加上对象名和"."操作符。列表包含多个可以用来查看或修改其内容的方法。

1. append()方法

append()方法用于将一个对象附加到列表末尾。

【代码5-22】 append()方法。

```
1    numbers=[1,2,3,4]
2    numbers.append(5)
3    print(numbers)
4    numbers.append([6,7,8,9,10])
5    print(numbers)
```

**代码说明：**

（1）代码第 2 行通过 append()方法把元素 5 附加到原列表 numbers 的末尾,列表 numbers 变为[1,2,3,4,5]。

（2）代码第 4 行将一个新列表[6,7,8,9,10]通过 append()方法附加到 numbers 末尾,列表变为[1,2,3,4,5,[6,7,8,9,10]]。可见,[6,7,8,9,10]是作为单个元素添加到 numbers 末尾的。

另外请注意,与其他几个类似的方法一样,append()方法也是就地修改列表的,这意味着它不会返回修改后的新列表,而是直接修改旧列表。

2. clear()方法

clear()方法用于就地清空列表的内容。

【代码5-23】 clear()方法。

```
1    numbers=[1,2,3,4,5]
2    numbers.clear()
3    print(numbers)
```

**代码说明**：第 2 行通过 clear()方法把列表 numbers 中的元素全部删除,最后 numbers 变成空列表[],这类似于切片赋值语句 numbers[:]=[]。

3. copy()方法

copy()方法用于复制列表,它会把原列表中的元素复制到新列表中。

【代码5-24】 常规复制。

```
1    a=[1,2,3]
2    b=a
3    b[1]=4
4    print(a)
```

**代码说明：**

（1）代码第 2 行通过赋值语句 b=a,使得变量 b 和 a 指向相同的列表对象。

（2）代码第 3 行把变量 b 指向的列表中的第 2 个元素修改为 4。

（3）最后变量 a 指向的列表变为[1,4,3]。

从此例可见,常规复制只是把一个名称关联到列表,而没有复制列表的元素。要让 a 和 b 指向不同的列表,就必须将 b 关联到 a 的副本。

**【代码 5-25】** copy()方法。

```
1    a=[1,2,3]
2    b=a.copy()
3    b[1]=4
4    print(b)
5    print(a)
```

**代码说明：**

(1) 代码第 2 行通过 a.copy()将 a 的副本复制到 b 中。

(2) 代码第 3 行把 b 指向的列表中的第 2 个元素修改为 4，此时 b 指向的列表的内容为 [1,4,3]，而 a 指向的列表的内容仍为[1,2,3]。

使用 a[:]或 list(a)可以与 a.copy()方法起到相同的效果，它们也都可以复制 a 的元素。这里，list()是把其他序列类型转换成列表类型的函数。

**4. count()方法**

count()方法用于计算指定的元素在列表中出现的次数。

**【代码 5-26】** count 方法。

```
1    str_A=["to","be","or","not","to","be"]
2    print(str_A.count("to"))
```

**代码说明：**

(1) 代码第 1 行定义了一个由字符串组成的列表 str_A。

(2) 代码第 2 行通过方法 count("to")计算 str_A 中字符串 to 出现的次数，结果为 2。

**5. extend()方法**

使用 extend()方法可以将多个值附加到列表末尾，为此可将这些值组成的序列作为参数提供给 extend()方法。换而言之，可使用一个列表来扩展另一个列表。

**【代码 5-27】** extend()方法。

```
1    a=[1,2,3,4,5]
2    b=[6,7,8,9,10]
3    a.extend(b)
4    print(a)
```

**代码说明：** 代码第 3 行通过使用 a.extend(b)方法，将列表 b 中元素附加到列表 a 的末尾。这看起来类似于拼接操作，但它们之间的一个重要差别是，extend()方法会修改被扩展的列表(这里是 a)，而拼接操作会返回一个全新的列表。此外，extend()方法与 append()方法也有不同，append()方法是把列表 b 作为单个元素附加到列表 a 的末尾，而 extend()方法是把列表 b 中的各个元素扩展到列表 a 的末尾。

**6. index()方法**

index()方法用于在列表中查找指定值第一次出现的索引。

**【代码 5-28】** index()方法。

```
1    str_A=["to","be","or","not","to","be"]
2    print(str_A.index("to"))
3    print(str_A.index("too"))
```

**代码说明：**

（1）代码第 2 行通过 str_A.index("to")方法获取列表 str_A 中字符串 to 第一次出现的索引值,结果为 0。

（2）代码第 3 行通过 str_A.index("too")方法获取列表 str_A 中字符串 too 第一次出现的索引值,但列表中不存在该字符串,所以会提示异常"ValueError：'too' is not in list"。

### 7. insert()方法

insert()方法用于将一个对象插入列表的指定位置。

**【代码5-29】** insert()方法。

```
1    numbers=[1,2,4,5]
2    numbers.insert(2,"three")
3    print(numbers)
```

**代码说明：** 代码第 2 行通过方法 numbers.insert(2,"three")在列表 numbers 的第 3 个位置插入字符串 three,结果 numbers 成为[1,2,'three',4,5]。当然,也可以用切片赋值 numbers[2:2]=["three"]来获得与 insert 一样的效果,但是可读性没有使用方法 insert 好。

### 8. pop()方法

pop()方法用于从列表中删除一个元素(如果未指定索引,则删除最后一个元素),并返回这一元素。

**【代码5-30】** pop()方法。

```
1    numbers=[1,2,3,4,5]
2    print(numbers.pop())
3    print(numbers.pop(1))
4    print(numbers)
```

**代码说明：**

（1）代码第 2 行通过 numbers.pop()方法删除列表 numbers 中的最后一个元素 5,并返回该元素。

（2）代码第 3 行通过 numbers.pop(1)方法删除列表 numbers 中的第 2 个元素 2,并返回该元素。

（3）numbers 的内容变为[1,3,4]。

### 9. remove()方法

remove()方法用于删除列表中第一个为指定值的元素。

**【代码5-31】** remove()方法。

```
1    str_A=["to","be","or","not","to","be"]
2    str_A.remove("be")
3    print(str_A)
4    str_A.remove("bee")
```

**代码说明：**

（1）代码第2行通过str_A.remove("be")方法删除列表str_A中的第一个元素be,str_A的内容变为['to','or','not','to','be'];

（2）代码第4行通过str_A.remove("bee")方法删除列表str_A中的第一个元素bee,但bee在列表str_A中并不存在,所以会报异常"ValueError：list.remove(x)：x not in list"。

**10. reverse()方法**

reverse()方法用于按照相反的顺序排列列表中的元素。

【代码5-32】　reverse方法。

```
1    numbers=[1,2,3,4,5]
2    numbers.reverse()
3    print(numbers)
```

**代码说明：** 代码第2行通过方法numbers.reverse()将列表numbers中的元素按照相反的顺序排列,结果列表numbers变为[5,4,3,2,1]。

应注意到reverse方法只修改列表,但不返回任何值(与remove和sort等方法一样)。

**11. sort()方法**

sort()方法用于就地对列表进行排序。就地排序意味着对原来的列表进行修改,使其元素按顺序排列,而不是返回排序后的列表的副本。

【代码5-33】　sort()方法。

```
1    numbers=[2,1,6,3,7,9,5]
2    numbers.sort()
3    print(numbers)
4    numbers.sort(reverse=True)
5    print(numbers)
```

**代码说明：**

（1）代码第2行通过方法numbers.sort()使得numbers中的元素按照升序排列,结果列表numbers变为[1,2,3,5,6,7,9]。

（2）代码第3行通过在sort方法中指定reverse参数为True,使得numbers中的元素按降序排列,结果列表numbers变为[9,7,6,5,3,2,1]。

由于用sort()方法可实现就地对列表排序,而不返回任何值,因此在下面的代码中y的值应为None。

```
1    numbers=[2,1,6,3,7,9,5]
2    y=numbers.sort()
3    print(y)
```

为了实现在列表副本中进行排序并保留原始列表不变,可先将y关联到numbers的副本,再对y进行排序。

```
1    numbers=[2,1,6,3,7,9,5]
2    y=numbers.copy()
3    y.sort()
```

```
4    print(numbers)
5    print(y)
```

代码运行后 numbers 的结果为[2,1,6,3,7,9,5],y 的结果为[1,2,3,5,6,7,9]。

为获取排序后的列表的副本,另外一种方法是使用函数 sorted()。

```
1    numbers=[2,1,6,3,7,9,5]
2    y=sorted(numbers)
3    print(numbers)
4    print(y)
```

代码运行后 numbers 的结果为[2,1,6,3,7,9,5],y 的结果为[1,2,3,5,6,7,9]。

12. list()函数

由于之前介绍的元组和之后章节介绍的字符串都属于不可变类型,所以不能对它们进行修改。因此在有些情况下把它们转换为列表会很有帮助,为此,可使用 list()函数。

【代码 5-34】 list()函数。

```
1    tup_numbers=(1,2,3,4,5)
2    chr="hello"
3    print(list(tup_numbers))
4    print(list(chr))
```

代码说明:

(1) 代码第 3 行使用 list()函数把元组 tup_numbers 转换为列表并打印,结果为[1,2,3,4,5]。

(2) 代码第 4 行使用 list()函数把字符串 chr 转换成列表并打印,结果为['h','e','l','l','o']。

len()、max()和 min()等函数的使用与在元组中的相同,在此不再赘述。

## 5.2.4 二维列表的定义和使用

Python 的二维列表类似于 C 语言中的二维数组,列表的元素仍是列表。

【代码 5-35】 定义二维列表。

代码 5-35

```
1    nest_list=[[1,2,3],["a","b","c"]]        # 列表中的元素仍是列表
2    print(nest_list[0][2])
3    print(nest_list[1][1])
```

代码说明:

(1) 代码第 1 行定义了一个二维列表 nest_list,该列表有两个元素,分别是列表[1,2,3]和["a","b","c"]。

(2) 代码第 2 行通过两次索引操作获取 nest_list 中的第 1 元素(第一维,即列表[1,2,3])中的第 3 个元素(第二维)3 并打印。

(3) 代码第 3 行通过两次索引操作获取 nest_list 中第 2 元素(第一维,即列表["a","b","c"])中的第 2 个元素(第二维)b 并打印。

为了获取二维列表中内层列表中的元素,必须通过两次索引操作,通过第一个索引(第一维)先定位到内层列表,然后再通过第二个索引(第二维)获得该列表中的元素,形式如 nest_ list[i][j]，先定位到 nest_list 的第 i＋1 个内层列表，再获取该列表中的第 j＋1 个元素。如图 5-3 所示为二维列表 nest_list 的表示，代码 nest_list[0][1]先定位到第一维即列表[1，2，3]，然后定位到第二维即元素 2。

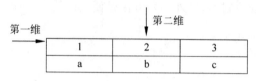

第一维    第二维

| 1 | 2 | 3 |
|---|---|---|
| a | b | c |

图 5-3　二维列表 nest_list 的表示

### 5.2.5　任务实现

**【代码 5-36】**　一维列表存储单个中国结的坐标及大小信息，对代码 5-15 进行修改，改用列表来存储信息。

```
1    list_jie=[-250,0,100]
2    def main():
3    global knoty              # 声明全局变量 knoty,中国结的纵坐标,该变量定义在原文件首部
4        global direction                    # 声明函数中使用的全局变量 direction
5        t.clear()                           # 清除窗口中的原有图形
6        t.pensize(4)
7        t.pencolor('red')
8        jiemain(list_jie[0],list_jie[1],list_jie[2])        # 通过索引访问列表元素
9        # 以(-250,knoy)作为中国结的绘制基准坐标
10       if list_jie[1]<-300 or list_jie[1]>300:         # 上下边界判断
11           direction=-direction                        # 改变运动方向为反方向
12       list_jie[1]=list_jie[1]+direction               # 修改中国结的纵坐标值
13       if list_jie[1]==-210+100* 2.4:
14           if startx <=-250 <=startx+150:
15               direction=0
16           elif direction==0:
17               direction=-1
18       hanzi()
19       obstacle(startx)
20       drawtree.treemain(200,-200,60)
21       drawtree.treemain(250,-200,80)
22       drawtree.treemain(300,-200,60)
23       t.ontimer(main,58)
```

**代码说明：**

（1）代码第 1 行使用列表 list_jie 定义绘制中国结的位置（即 x 和 y 坐标）和大小。

（2）代码第 8 行使用索引操作分别获得列表 list_jie 中的 3 个值，并作为 jiemain()函数的参数。

（3）代码第 10 行使用列表元素进行上下边界值的判断。

（4）代码第 12 行修改列表元素的值，即修改中国结的纵坐标位置。因为列表元素可以被修改，所以在这里可以直接修改，不必另用全局变量来存储。

（5）代码第 13 行使用列表元素所代表的纵坐标判断与长木板的关系。

运行结果与代码 5-15 相同，只是采用了不同的数据结构来实现。

**【代码 5-37】** 二维列表存储四个中国结的相关信息并实现数据的变化以完成动画代码说明。

```
1    list_jie=[[-150,200,100],[0,0,50],[100,-200,50],[-300,200,60]]
2    direction=[-6,5,5,-10]
3    original= direction.copy()
4    def main():
5    global knoty               # 声明全局变量 knoty,中国结的纵坐标,该变量定义在原文件首部
6        global direction               # 声明函数中使用的全局变量 direction
7        t.clear()                      # 清除窗口中的原有图形
8        for i in range(len(list_jie)):
9            jiemain(list_jie[i][0],list_jie[i][1],list_jie[i][2])
10           list_jie[i][1]=list_jie[i][1]+ direction[i]
11           if list_jie[i][1]<-300 or list_jie[i][1]>300:
12               direction[i]=-direction[i]
13           if list_jie[i][1]==-210+ list_jie[i][2]* 2.4:
14               if startx <=list_jie[i][0] <=startx+150:
15                   direction[i]=0
16               elif direction[i]==0:
17                   direction[i]=-abs(original[i])
18       hanzi()
19       obstacle(startx)
20       drawtree.treemain(200,-200,60)
21       drawtree.treemain(250,-200,80)
22        drawtree.treemain(300,-200,60)
23       t.ontimer(main,58)
```

**代码说明：**

（1）代码第 1 行使用二维列表 list_jie 分别存储四个中国结的坐标(x,y)和大小 size,若想修改中国结的参数及个数,可以在此处直接编辑。

（2）代码第 2 行使用一维列表 direction 存储四个中国结的纵坐标速度及方向,负数代表向上,正数代表向下,direction 的元素个数与 list_jie 的行数相同,如果要修改运行速度,可修改其中的值。

（3）代码第 3 行定义一个 original 列表,用来存储 direction 的原始值,为中国结停止再运行的速度恢复做准备,使用 copy()方法取得与 direction 列表一样的值。

（4）代码第 8 行使用 for 循环遍历二维列表 list_jie,使用函数 len()来获取列表长度。

（5）代码第 9 行根据循环变量 i 提取二维列表中的第 i 个中国结的三个参数,然后以此作为实参调用 jiemain()函数绘制该中国结。

（6）代码第 10 行根据 direction 值修改第 i 个中国结的下一次绘制纵坐标,修改 list_jie[i][1]。

（7）代码第 11、12 行是对中国结运行的上下边界作判断,如果已经到达边界,则将方向 direction[i]修改为相反方向。

（8）代码第 13~17 行是判断第 i 个中国结与木板的关系,如果该中国结底部正好在木板的上边,则将速度修改为 0,当木板被键盘控制离开中国结,中国结使用 original 列表恢复原速度并按方向向下继续运动。

保存文件,运行效果如图 5-4 所示。

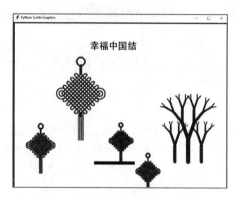

图 5-4　使用二维列表实现的中国结

# 任务5.3　字典的概念及操作

**【任务描述】**

针对第 1 章中的中国结动画综合案例,将绘制中国结的位置、大小定义成字典,并通过字典的操作实现在不同位置、使用不同颜色绘制中国结。

**【任务分析】**

(1) 理解字典概念和定义。

(2) 掌握字典的常用操作。

(3) 掌握字典的方法和函数。

如果将一系列值组合成数据结果并通过编号(索引)来访问各值时,元组和列表很有用。本节将介绍一种不能通过编号而只能通过名称来访问值的数据结构,这种数据结构称之为映射(mapping)。字典是 Python 中唯一的内置映射类型,其中的值不按顺序排列,而是存储在键下。键可能是数值、元组或字符串,也就是说键必须是不可变数据类型。

## 5.3.1　字典的定义

字典由键及其相应的值组成,这种键—值对称为项(item)。每个键和其值之间用冒号(:)分隔,项之间用逗号分隔,而整个字典放在花括号中。

**【代码 5-38】**　定义字典。

```
1    phonebook={"Alice":"2341","Beth":"9102","Cecil":"3258"}
2    null_book={}
```

**代码说明:**

(1) 代码第1行定义了字典 phonebook,键和值均为字符串,键和值之间用冒号分隔,每个键—值对之间用逗号分隔,整个字典放在花括号中。

(2) 代码第2行定义了一个空字典,其中没有任何项,但花括号{}不能省略。

在字典中,键必须是如数值、元组或字符串等一样的不可变类型,而且键必须是独一无二的,而字典中的值可以是可变类型,也可以重复。

字典在日常生活中有很多用途,比如上述代码中定义了一个电话簿,可以通过姓名查找对应的电话号码。字典也可以用于表示棋盘的状态,其中每个键是由坐标组成的元组。字典还可以用于存储文件修改时间,其中的键为文件名。

### 5.3.2　字典的常用操作

字典的基本行为在很多方面都类似于序列,序列的常用操作同样也可应用于字典,具体见表 5-1。

表 5-1　字典的常用操作

| 操作 | 描　述 | 操作 | 描　述 |
| --- | --- | --- | --- |
| len(d) | 返回字典 d 包含的项(键—值对)数 | del d[k] | 删除键为 k 的项 |
| d[k] | 返回与键 k 相关联的值 | k in d | 检查字典 d 是否包含键为 k 的项 |
| d[k]=v | 将值 v 关联到键 k | | |

虽然字典与列表有多个相同之处,但也有一些重要的不同之处。

(1) 键的类型:字典中的键可以是整数,但并非必须是整数,也可以是浮点数。字典中的键可以是任何不可变类型,如浮点数、元组或字符串。

(2) 自动添加:即便是字典中原本没有的键,也可以赋值,这将在字典中创建一个新项。然而,如果不适用 append()方法或其他类似的方法,就不能给列表中没有的元素赋值。

(3) 成员资格:表达式 k in d(其中 d 是一个字典)查找的是键而不是值,而表达式 v in l(其中 l 是一个列表)查找的是值而不是索引。

### 5.3.3　字典的方法和函数

与其他内置数据类型一样,字典也有很多方法。

#### 1. clear()方法

clear()方法用于删除所有的字典项,这种操作是就地执行的,因此什么都不返回(或者说返回 None)。

【代码 5-39】　clear()方法。

```
1    d={}
2    d["name"]="Gumby"
3    d["age"]=42
4    print(d)
5    returned_value=d.clear()
6    print(returned_value)
```

代码说明:
(1) 代码第 1 行定义了一个空字典 d。
(2) 代码第 2 行将键 name 与值 Gumby 相关联,该键—值对作为一个新项添加到字典 d 中。
(3) 代码第 3 行将键 age 与值 42 相关联,该键—值对作为一个新项添加到字典 d 中。
(4) 代码第 5 行调用 clear()方法删除字典 d 中的所有项,并返回 None。

#### 2. copy()方法

copy()方法用于返回一个新字典,其包含的键—值对与原来的字典相同(这个方法执行的是浅复制,因为值本身是原件,而非副本)。

【代码 5-40】 copy()方法。

```
x={"username":"admin","machines":["foo","bar","baz"]}
y=x.copy()
y["username"]="mlh"
y["machines"].remove("bar")
print(y)
print(x)
```

代码说明:

(1) 代码第 1 行定义了一个字典 x,其中有 2 项,第 2 项的值为列表类型。

(2) 代码第 2 行通过 copy()方法把字典 x 中的内容拷贝到 y 中。

(3) 代码第 3 行把 y 中与键 username 相关联的值修改成 mlh。

(4) 代码第 4 行把 y 中与键 machines 相关联的列表中的值 bar 删除。

(5) 执行代码后 y 的值为{'username':'mlh','machines':['foo','baz']},x 的值为{'username':'admin','machines':['foo','baz']}。

因为 copy()方法是浅复制,执行第 2 行代码后,y 指向键—值对("usename":"admin")的副本,而由于第 2 项的值为列表,y 和 x 共同指向它。在第 3 行对键 username 对应的值进行修改时,只修改 y 指向的副本,不会影响原件,而第 4 行对键 machines 相关联的列表中的值 bar 删除时,会影响到原件。

为了避免这样的问题发生,一种方法是执行深复制,即同时复制值及其包含的所有值。为此,可使用模块 copy()中的函数 deepcopy()。

```
1    from copy import deepcopy
2    d={}
3    d["name"]=["Alfred","Bertrand"]
4    c=d.copy()
5    dc=deepcopy(d)
6    d["name"].append("Clive")
7    print(c)
8    print(dc)
```

代码说明:

(1) 代码第 4 行通过 copy()方法把字典 d 中的内容浅复制到 c 中。

(2) 代码第 5 行通过函数 deepcopy()将字典 d 中的内容深复制到 dc 中。

(3) 代码第 6 行在与键 name 关联的列表中添加了一个值,这样的修改对 c 有影响,其值为{'name':['Alfred','Bertrand','Clive']},而对 dc 没有影响,其值为{'name':['Alfred','Bertrand']}。这是因为 deepcopy()函数把所有内容包括列表中的值都拷贝到了 dc,dc 所指向的值只是 c 的副本。

3. fromkeys()方法

fromkeys()方法可用于创建一个新字典,其中包含指定的键,且每个键对应的值都是 None。

【代码 5-41】 fromkeys()方法。

```
1    d={}
```

```
2    d=d.fromkeys(["name","age"])
3    print(d)
4    dc=dict.fromkeys(["name","age"])
5    print(dc)
6    dv=dict.fromkeys(["name","age"],"(unknown)")
7    print(dv)
```

**代码说明：**

（1）代码第 1 行定义了一个空字典，第 2 行通过调用 fromkeys()方法根据列表中的键创建了包含这些键的新字典｛'name'：None,'age'：None｝。

（2）代码第 4 行直接对 dict(dict 是字典所属的类型)调用 fromkeys()方法创建字典｛'name'：None,'age'：None｝。

（3）代码第 6 行调用 fromkeys()方法给键指定特定的值(unknown)而不再使用默认值 None,结果为｛'name'：'(unknown)','age'：'(unknown)'｝。

### 4. get()方法

通常,如果你试图访问字典中没有的项,将会引发异常。例如执行如下代码：

```
1    d={}
2    print(d["name"])
```

**代码说明：**由于 d 是空字典,不包含任何键—值对,由于要通过 d["name"]访问不存在的键 name,从而引发异常"KeyError：'name'"。

get()方法为访问字典项提供了宽松的环境,当使用 get()来访问不存在的键时,不会引发异常,而是返回 None。另外,你可指定默认值,这样将返回你指定的值而不是 None。如果字典包含指定的键,则返回对应的值。

**【代码 5-42】** get()方法。

```
1    d={}
2    print(d.get("name"))
3    print(d.get("name","N/A"))
4    d["name"]="Eric"
5    print(d.get("name"))
```

**代码说明：**

（1）代码第 2 行通过 get()方法访问空字典 d 中的键 name,它在 d 中不存在,所以返回 None。

（2）代码第 3 行通过 get()方法访问空字典 d 中的键 name,如果它不存在,则返回指定值 N/A。

（3）代码第 4 行在空字典 d 中新增了键—值对。

（4）代码第 5 行通过 get()方法访问键 name 后,返回其对应的值 Eric。

### 5. items()方法

items()方法返回一个包含所有字典项的列表,其中每个元素都为(key,value)的形式。字典项在列表中的排列顺序不确定。

**【代码 5-43】** items()方法。

```
1    d={"name":"Eric","age":42,"sex":"Male"}
2    di=d.items()
3    print(di)
4    dl=list(di)
5    print(dl[0])
6    print(dl[0][1])
```

**代码说明：**

（1）代码第2行调用items()方法返回字典视图dict_items([('name','Eric'),('age',42), ('sex','Male')])，字典视图可用于迭代，但是不能对其直接使用列表操作。

（2）为了对items()方法返回的内容使用列表操作，代码第4行使用list()函数直接把字典视图di转换为列表类型。

（3）代码第5、6行通过索引操作获取items()方法返回的列表中的第1个元素('name', 'Eric')以及该元素中的第2个元素Eric。

**6. keys()方法**

keys()方法用于返回一个字典视图，其中包含字典中所有键的列表。

**【代码5-44】** keys()方法。

```
1    d={"name":"Eric","age":42,"sex":"Male"}
2    dk=d.keys()
3    print(dk)
4    dl=list(dk)
5    print(dl[1])
```

**代码说明：**

（1）代码第2行调用keys()方法返回字典视图dict_keys(['name','age','sex'])。

（2）代码第4行通过list()函数把字典视图dk转换成列表。

（3）代码第5行对其使用索引操作获取列表中的第2个元素age。

**7. pop()方法**

pop()方法可用于获取与指定键相关联的值，并将该键—值对从字典中删除。

**【代码5-45】** pop()方法。

```
1    d={"x":1,"y":2}
2    print(d.pop("x"))
3    print(d)
```

**代码说明：** 代码第2行调用pop()方法返回键x对应的值1，同时把该键—值对从字典中删除，最后d的内容为{'y':2}。

**8. popitem()方法**

popitem()方法类似于列表的pop()方法，但列表的pop()方法弹出列表中的最后一个元素，而popitem()方法则会随机地弹出一个字典项，因为字典项的顺序是不确定的，没有"最后一个元素"的概念。

**【代码5-46】** popitem()方法。

```
1    d={"name":"Eric","age":42,"sex":"Male"}
2    print(d.popitem())
3    print(d)
```

**代码说明**：代码第2行调用 popitem()方法随机地返回字典中项('sex','Male')并把该项从字典中删除,字典 d 中的内容最后为{'name'：'Eric','age'：42}。

### 9. setdefault()方法

setdefault()方法类似 get()方法,因为它也会获取与指定键相关联的值,但除此之外,setdefault()方法还在当字典中不包含指定的键时,在字典中添加指定的键—值对。

**【代码 5-47】** setdefault()方法。

```
1    d={}
2    print(d.setdefault("name","N/A"))
3    print(d)
4    d["name"]="Eric"
5    print(d.setdefault("name","N/A"))
6    print(d)
7    dn={}
8    print(dn.setdefault("name"))
9    print(dn)
```

**代码说明**：

(1) 代码第2行调用 setdefault()方法获取字典 d 中键 name 对应的值,但字典中不包含指定的键,所以会在字典中添加键—值对{'name'：'N/A'}。

(2) 代码第4行在字典 d 中添加了键—值对。

(3) 代码第5行调用 setdefault()获取字典 d 中键 name 对应的值,由于字典中包含指定的键,则返回该键对应的值 Eric,而不是 setdefault()方法中指定的值 N/A。

(4) 代码第8行调用 setdefault()获取字典 dn 中键 name 对应的值,但因字典中不包含指定的键,故返回值为 None。

当指定的键不存在时,setdefault()返回指定的值并把指定的键—值对添加到字典中;而当指定的键存在时,则返回其值,并保持字典不变。

### 10. update()方法

update()方法用于使用一个字典中的项来更新另一个字典。

**【代码 5-48】** update()方法。

```
1    d={"x":1,"y":2}
2    t={"z":3,"y":4}
3    d.update(t)
4    print(d)
```

**代码说明**：代码第3行通过 update()方法更新字典 d 中内容,把字典 t 的项{"z":3,"y":4}添加到字典 d 中。由于项{"z":3}在 d 中不存在,所以直接添加到其中,而在字典 d 中包含与项{"y":4}相同的键,所以直接把中键 y 的值替换为4,最终的结果为{'x': 1,'y': 4,'z': 3}。

…

**11. values()方法**

values()方法用于返回一个字典中的值组成的字典视图,其中包含字典中所有值的列表。不同于 keys()方法,values()方法返回的视图中可能包含重复的值。

**【代码 5-49】** keys()方法。

```
1    d={"x":1,"y":2,"z":3,"w":2}
2    dv=d.values()
3    print(dv)
4    dl=list(dv)
5    print(dl[1],dl[3])
```

**代码说明:**

(1) 代码第 2 行调用 values()方法返回字典 d 的字典视图 dv。

(2) 代码第 4 行调用 list()函数把字典视图 dv 转换成列表。

(3) 代码第 5 行打印列表的第 2 个和第 4 个元素,它们都为 2,字典中的值可以重复。

**12. dict()函数**

可使用函数 dict()从其他映射(如其他字典)或键—值对序列创建字典。

**【代码 5-50】** dict()函数。

```
1    items=[("name","Eric"),("age",42),("sex","Male")]
2    d=dict(items)
3    print(d)
4    d=dict(name="Alice",age=37,sex="Female")
5    print(d)
```

**代码说明:**

(1) 代码第 1 行定义了一个列表,列表中元素有形式为(key,value)的元组。

(2) 代码第 2 行调用 dict()函数从键—值对序列创建字典 d。

(3) 代码第 4 行调用 dict()函数使用关键字实参的形式创建字典,如果调用 dict()函数时没有提供任何实参,将返回一个空字典。

### 5.3.4 任务实现

**【代码 5-51】** 使用字典重新实现综合案例。

```
1    dict_jie={'1':[-200,200,100],'2':[0,0,50],'3':[100,-200,50],'4':[200,200,100]}
2    direction={'1':-10,'2':5,'3':5,'4':-10}
3    original=direction.copy()
4    def main():
5    global direction                # 声明函数中使用的是全局变量 direction
6        t.clear()
7        for key in dict_jie.keys():
8    m= dict_jie.get(key)
9            jiemain(m[0],m[1],m[2])
10   m[1]=m[1]+ direction[key]
11           if m[1]<-300 orm[1]>300:
12               direction[key]=-direction[key]
```

```
13              if m[1]==-210+ m[2]* 2.4:
14                  if startx <=l[0] <=startx+ 150:
15                      direction[key] = 0
16                  elif direction[key]==0:
17                      direction[key]=- abs(original[key])
18          hanzi()
19          obstacle(startx)
20          t.ontimer(main,58)
```

**代码说明：**

（1）代码第 1～3 行使用字典存储四个中国结的绘制信息及运动速度方向，关键字分别使用 1、2、3 和 4，分别代表四个中国结的信息。

（2）代码第 7～17 行使用读取字典的方法获得相关数据进行中国结信息的修改及运动位置的判断和方向的修改。

（3）代码第 7 行使用循环遍历字典中所有的关键字，第 8 行用 m 指向字典中当前遍历关键字的列表值。后面可用 m 修改和访问该列表的值。

（4）代码第 9 行使用参数绘制当前中国结，第 10 行使用 direction[key]获得的中国结的方向和速度更改当前中国结的纵坐标。

（5）代码第 11～17 行使用字典的访问方法完成对中国结边界值的判断及运动状态的修改，可见列表部分。

（6）程序的运行结果与使用二维列表相同，只是实现方式不同。

# 任务 5.4　集合的概念及操作

**【任务描述】**

了解集合的基本概念，学会使用集合的主要方法和函数。

**【任务分析】**

（1）理解集合概念和定义。

（2）掌握集合的方法和函数。

集合是包含 0 或多个数据项的无序组合。集合的数据项包含在花括号中，且集合中的元素不可重复，元素类型只能是不可变数据类型，例如整数、浮点数、元组、字符串等。列表、字典和集合类型本身都是可变数据类型，不能作为集合的元素出现。

## 5.4.1　集合的定义

集合是由 0 或多个不可变数据类型的元素组成的无序组合，用花括号"{}"表示。

**【代码 5-52】** 定义集合。

```
1   s={425,"Alice",(11,12),424,425,"Alice"}
2   print(s)
3   s=set()
4   print(s)
5   s=set(("cat","dog","tiger"))
6   print(s)
```

代码说明：

（1）代码第1行定义了一个集合 s，元素包括整数、字符串、元组这些不可变数据类型。

（2）代码第2行在打印 s 中元素时，重复元素已经自动删除，因为集合中不能出现重复元素，打印结果为{(11,12),425,'Alice',424}。

（3）代码第3行采用 set()函数定义一个空集合。

（4）代码第5行采用 set()函数生成由元组中的元素组成的集合{'tiger','dog','cat'}。

### 5.4.2　集合的常用操作

集合有10个常用操作，可见表5-2。

表5-2　集合常用操作

| 操　作 | 描　述 |
| --- | --- |
| S-T 或 S. difference(T) | 返回一个新集合，包括在集合 S 中但不在集合 T 中的元素 |
| S-=T 或 S. difference_update(T) | 更新集合 S，包括在集合 S 中但不在集合 T 中的元素 |
| S&T 或 S. intersection(T) | 返回一个新集合，包括同时在集合 S 和 T 中的元素 |
| S&.=T 或 S. intersection_update(T) | 更新集合 S，包括同时在集合 S 和 T 中的元素 |
| S^T 或 S. symmetric_difference(T) | 返回一个新集合，包括集合 S 和 T 中的元素，但不包括同时在其中的元素 |
| S^=T 或 S. symmetric_difference_update(T) | 更新集合 S，包括集合 S 和 T 中的元素，但不包括同时在其中的元素 |
| S\|T 或 S. union(T) | 返回一个新集合，包括集合 S 和 T 中的所有元素 |
| S\|=T 或 S. update(T) | 更新集合 S，包括集合 S 和 T 中的所有元素 |
| S<=T 或 S. issubset(T) | 如果 S 与 T 相同或 S 是 T 的子集，返回 True，否则返回 False，可以用 S<T 判断 S 是否是 T 的真子集 |
| S>=T 或 S. issuperset(T) | 如果 S 与 T 相同或 S 是 T 的超集，返回 True，否则返回 False，可以用 S>T 判断 S 是否是 T 的真超集 |

【代码5-53】　集合的常用操作示例。

```
1    s=set(("cat","dog","tiger"))
2    t={"beer","dog"}
3    s^=t
4    print(s)
5    s={"cat","dog","tiger"}
6    t={"beer"}
7    s|=t
8    print(s)
```

代码说明：

（1）代码第3行更新集合 s，包含集合 s 和 t 中的元素，但不包括同时在其中的元素，集合 s 的内容为{'beer','tiger','cat'}。

（2）代码第7行更新集合 s，包括集合 s 和 t 中的所有元素，集合 s 变为{'beer','tiger','dog','cat'}。

### 5.4.3　集合的方法和函数

集合有10个方法或函数，可见表5-3。

表 5-3 集合的方法或函数

| 函数或方法 | 描 述 |
| --- | --- |
| S.add(x) | 如果数据项 x 不在集合 S 中,则将 x 增加到 S |
| S.clear() | 移除集合 S 中的所有数据项 |
| S.copy() | 返回集合 S 的一个副本 |
| S.pop() | 随机返回集合 S 中的一个元素,如果 S 为空,产生 KeyError 异常 |
| S.discard(x) | 如果 x 在集合 S 中,移除该元素;如果 x 不在集合 S 中,不报错 |
| S.remove(x) | 如果 x 在集合 S 中,移除该元素;如果 x 不在集合 S 中,则产生 KeyError 异常 |
| S.isdisjoint(T) | 如果集合 S 与 T 没有相同元素,返回 True |
| len(S) | 返回集合 S 的元素个数 |
| x in S | 如果 x 是 S 的元素,返回 True,否则返回 False |
| x not in S | 如果 x 不是 S 的元素,返回 True,否则返回 False |

**【代码 5-54】** 集合的方法示例。

```
1    s={"cat","dog","tiger"}
2    t={"beer"}
3    print(s.isdisjoint(t))
4    s.discard("beer")
5    print(s)
6    s.remove("beer")
7    print(s)
```

**代码说明:**

(1) 代码第 3 行使用 isdisjoint()方法判定集合 s 和 t 是否有相同元素,如果没有,则返回 True。

(2) 代码第 4 行调用 discard()方法删除元素 beer,即使它不在集合 s 中,discard()方法也不会报错。

(3) 代码第 6 行调用 remove()方法删除元素 beer,它不在集合 s 中,故 remove()方法会报异常"KeyError: 'beer'"。

# 小 结

本章以绘制中国结的案例为任务主线,介绍了定义绘制中国结的位置和尺寸所需的组合数据结构,即元组、列表、字典和集合,主要内容包含它们的概念及定义,以及它们的常用操作和相关的方法和函数,最后应用元组、列表等组合数据结构定义中国结绘制的位置和尺寸,完成了任务实现。

# 习 题

## 一、填空题

1. 本章中涉及的序列类型包括_____、_____、_____。

2. infos=[2,"www.baidu.com",1.5],print(infos[1])的结果是_____。

3. x,y=1,2,x 的值为_____。

4. 字典中 key 的数据类型可以是_____、_____或_____。

5. s={ },s.pop()返回的结果是_____。

6. 已知列表 x=[1,2,3],那么执行语句 y=list(reversed(x))之后,结果为_____。

7. 已知列表 x=[1,2],那么执行语句 y=x[:]和 y.append(3)之后,结果为_____。

8. 已知 x={1:2,2:3},那么表达式 x.get(2,4)的值为_____。

9. 表达式{ * range(4),4, * (5,6,7)}的值为_____。

10. Python 内置函数用来返回序列中的最大值_____。

## 二、判断题

1. lst=[1,2,3,4,5,6],lst[6]的值为 6。(    )

2. 语句 s={12,[1,2,3,4,5],"hello"}定义了字典 s。(    )

3. 元组中的元素可以仍然是元组。(    )

4. range()函数生成的数据类型是列表。(    )

5. 花括号{}可以用于定义字典和集合。(    )

6. Python 列表、元组、字符串都属于有序序列。(    )

7. Python 字典中的"键"不允许重复。(    )

8. 已知 A 和 B 两个集合,并且表达式 A<B 的值为 False,那么表达式 A>B 的值一定为
True。(    )

9. 列表对象的 append()方法属于原地操作,用于在列表尾部追加一个元素。(    )

10. dict(())可以生成空字典。(    )

## 三、选择题

1. lst=[[2,3,7],[[3,5],25],[0,9]],则 len(lst)的值是(    )。
   A. 8            B. 5            C. 4            D. 3

2. 两个集合 s1={1,3,5,6},s2={2,5,6},经过 s1^s3 操作后,s1 中元素为(    )。
   A. {1,3}       B. {5,6}       C. {1,3,5,6}   D. {1,2,3,5,6}

3. 下面(    )是元组和列表的共同点。
   A. 可以进行索引操作            B. 元素类型必须一致
   C. 可以动态修改                D. 可以作为字典的 key

4. 执行语句"d={};d=d.fromkeys(["name","susan"])"后,d 中键 name 的值为(    )。
   A. susan       B. NULL        C. None        D. N/A

5. lst=[[2,3,7],[[3,5],25],[0,9]],lst[2,1]的值为(    )。
   A. 3           B. 2           C. 0           D. 9

6. 表达式{1,2,3,4}.different({3,4,5,6})的值为(    )。
   A. {1,2}       B. {5,6}       C. {1,2,5,6}   D. {3,4}

7. 以下不是 Python 组合数据类型的是(    )。
   A. 字符串类型   B. 集合类型     C. 复数类型     D. 字典类型

8. 以下代码的输出结果是(    )。

```
1. d={"food":{"cake":1,"egg":5}
2. print(d.get("cake","no this food"))
```

A. egg                  B. 1                  C. food                  D. no this food

9. 已知 x＝[1,2,3,4,5,6,7]，那么 x.pop()的结果是(　　)。

A. 1                  B. 4                  C. 7                  D. 5

10. 以下程序的输出结果是(　　)。

```
1. a=[3,2,1]
2. for i in a[::-1]:
3.     print(i,end="")
```

A. 1,2,3                  B. 3 2 1                  C. 1 2 3                  D. 3,2,1

## 四、实践任务

1. 列表 lst＝[12,23,3,7,6,101]，请对列表按照升序和降序的方式排列并输出。

2. 字典 dic＝{"张三":98,"李四":76}，写出下列操作的相关代码。

(1) 向字典中添加键—值对""王五":88"。

(2) 修改键"李四"对应的值为 78。

(3) 删除键"张三"对应的键—值对。

3. 关于将一个列表中的元素为奇数的放在前面，偶数的放在后面，并输出。

4. 关于猴子吃桃问题，即猴子第一天摘下若干个桃子，当天吃了一半，还不过瘾，又多吃了一个。第二天早上又将剩下的桃子吃掉一半，又多吃了一个。以后每天早上都吃了前一天剩下的一半加一个。到第十天早上再想吃时，发现就只剩一个桃子了。求第一天共摘了多少个桃子？

5. 一个班在选举班长时，选票放在一个字符串中，如 votes＝"张力,王之夏,James,韩梅梅,John,韩梅梅,John,韩梅梅"，请编写程序统计每个人的得票数于字典中，并打印结果。结果如 result＝{"张力":3,"王之夏":3,"James":2,"韩梅梅":10,"John":8}。

# 第6章

# 字符串与文件

Chapter 6

【学习目标】

（1）理解字符串的定义和存储。

（2）掌握字符串的输入输出。

（3）掌握字符串的内建函数、运算符的使用方法。

（4）理解文件的定义。

（5）掌握文件的打开和关闭。

（6）掌握文件的读写、定位、重命名、删除等操作方法。

（7）了解文件夹的相关操作。

    字符串是在 Python 编程过程中使用的较多的类型，在第 2 章中已经介绍了字符串的定义和转义字符的基础知识，但是对字符串的更复杂的带格式化的输入输出，以及在 Python 中已提供的字符串内建函数，字符串运算符都有哪些，以及如何使用，还需要进一步加深学习。

    文件可以用于长期保存数据，在编程过程中，除了代码文件，我们有时需要将程序运行时的输入数据和输出数据保存在文件中，以提高程序运行的效率，那么如何进行文件的创建、读写等相关操作呢？下面我们将对字符串和文件进行详细介绍。

# 任务6.1 字　符　串

【任务描述】

    将动画综合案例中的中国结的位置、大小等参数实现从键盘获得。在 Python 中，从键盘输入的内容为字符串，需要经过一定的运算转换成所需的数据。

【任务分析】

（1）理解字符串的定义和存储。

（2）掌握字符串的输入输出。

（3）掌握字符串的基本运算。

## 6.1.1 字符串的输入/输出

微课 6-1

1. 字符串的输出

字符串的输出可以使用第 2 章已介绍过的 print()方法完成。比如要输出字符串常量"我的专业是软件技术专业"。

```
print("我的专业是软件技术专业")
```

再比如输出字符串常量。

```
print("我的专业是人工智能技术应用专业")
print("我的专业是大数据技术与应用专业")
```

在上述三个常量输出中都输出了"我的专业是×××专业",在此×××的内容是可变的,其余的内容都是固定不变的。那么,有没有更简化的输出方式呢? 当然有,可以在字符串中使用格式操作符来完成。

Python 支持字符串格式化的输出,最基本的用法就是将一个值插入到一个有字符串格式符%s 的字符串中,例如:

```
major="软件技术"
print("我的专业是%s专业"% major)
```

输出结果如下:

我的专业是软件技术专业

在上述代码中看到了%s 这样的操作符,这就是 Python 中字符串的格式化符号。

除此之外,还可以使用%符号对其他类型的数据进行格式化,常见的格式化符号见表 6-1。

表 6-1 常见的格式化符号

| 格式化符号 | 描 述 |
|---|---|
| %c | 格式化字符及其 ASCII 码 |
| %s | 格式化字符串 |
| %d | 格式化整数 |
| %u | 格式化无符号整数 |
| %o | 格式化无符号八进制数 |
| %x | 格式化无符号十六进制数 |
| %X | 格式化无符号十六进制数(大写) |
| %f | 格式化浮点数,可指定小数点后的精度 |
| %e | 用科学计数法格式化浮点数 |
| %E | 作用同%e,用科学计数法格式化浮点数 |
| %g | %f 和%e 的简写 |
| %G | %F 和%E 的简写 |
| %p | 用十六进制数格式化变量的地址 |

**【代码 6-1】** 字符串的输出。

```
1    Name="长江"                        # 字符串
2    Length=6387                       # 整型
3    Attr="世界第三长河,亚洲第一长河"      # 字符串
4    print("名字:%s"% Name)
5    print("长度:%dkm"% Length)
6    print("排名:%s"% Attr)
```

**代码说明:**

(1) 代码第 4 行和第 6 行的输出语句中使用了%s 格式符,用来输出对应的 Name 和 Attr

字符串。

(2) 代码第 5 行的输出语句中使用了%d 格式符,用来输出对应的 Length 整数。

运行结果如下:

名字:长江
长度:6387km
排名:世界第三长河,亚洲第一长河

Python 还提供了格式化字符串的函数 str. format(),它增强了字符串格式化的功能,基本语法是通过其他符号如"{ }"和":"来代替上述内容中讲过的字符串格式化符号%。

【代码 6-2】　使用格式化字符串函数的输出。

```
1     # 占位符{},默认顺序
2     print("{} {}".format("长江","黄河"))
3     print("亚洲第一长河:{},长度为:{}km。".format("长江","6387"))
4     # 占位符{},指定顺序
5     print("{1} {0}".format("长江","黄河"))
6     print("亚洲第一长河:{0},长度为:{1}km。".format("长江","6387"))
7     Name="长江是亚洲第一长河。"
8     # 默认左对齐,占 30 个字符宽度
9     print("{:30}".format(Name))
10    # 右对齐,占 30 个字符宽度
11    print("{:>30}".format(Name))
```

**代码说明:**

(1) 代码第 2 行和第 3 行的输出按参数默认的顺序输出。

(2) 代码第 5 行和第 6 行的输出按指定的参数顺序输出。

(3) 代码第 9 行和第 11 行的输出指定了输出宽度为 30 个字符,分别靠左、靠右对齐输出。

运行结果如下:

长江黄河
亚洲第一长河:长江,长度为:6387km。
黄河长江
亚洲第一长河:长江,长度为:6387km。
长江是亚洲第一长河。
　　　　　　　　长江是亚洲第一长河。

**注意**:运行结果的最后一行开始是 10 个空格。

2. 字符串的输入

Python 3 提供了 input()函数可从标准输入读取一行文本,默认的标准输入是键盘。该函数返回字符串类型,语法格式在第 2 章中已介绍过,此处不再重复。

【代码 6-3】　字符串的输入。

```
1     Name=input("请输入河流的名字:")              # 字符串
2     Length=input("请输入河流的长度:")            # 字符串
3     print("名字:% s" % Name)
4     print("长度:% skm" % Length)
```

**代码说明:**

(1) 代码第 1 行和第 2 行的输入语句分别接收了从键盘输入的字符串,并赋给了对应的 Name 和 Length 字符串变量。

(2) 代码第 3 行和第 4 行的输出语句输出 Name 和 Length 的值。

运行结果如下:

请输入河流的名字:长江
请输入河流的长度:6387
名字:长江
长度:6387km

需要注意的是,不管 input() 函数获取的数据是不是字符串类型的,最终都会转换成字符串进行保存。

### 6.1.2　访问字符串中的值

微课 6-2

#### 1. 单个字符的访问

在 Python 中没有字符类型,单个字符也是作为字符串使用的。如果希望访问字符串中的某个字符,则需要使用下标来实现。例如,字符串 str="Hello!",在内存中的存储方式实际就是数组的存储方式,如图 6-1 所示。

```
下标   0  1  2  3  4  5
字符    H  e  l  l  o  !
```

图 6-1　字符串的存储方式

如图 6-1 所示,字符串中的每个字符都对应着一个编号,是从 0 开始的,依次递增 1,这个编号就表示下标。如果要取出字符串中的某个字符,则可以使用下标获取。例如要取出下标为 1 的字符 e,可以用 str[1] 取出来。如要取出字符"!",则可以用 str[5] 来取出。

#### 2. 使用切片截取字符串

切片是指对操作的对象截取其中一部分的操作。字符串、列表、元组都支持切片操作。这里,我们以字符串为例讲解切片的使用。切片的语法格式如下:

[起始:结束:步长]

需要注意的是,切片选取的区间属于左闭右开型,即从"起始"位开始,到"结束"位的前一位结束(不包含结束位本身)。接下来,通过一个案例来演示如何使用切片截取字符串 str="Hello, Python!"。

**【代码 6-4】** 使用切片截取字符串。

```
1    str="Hello,Python!"
2    print(str[0:5])        # 取下标为 0~4 的字符
3    print(str[6:10])       # 取下标为 6~9 的字符
4    print(str[6:-1])       # 取下标为 6 开始,到倒数第 2 个之间的字符
5    print(str[:5])         # 取开头到下标为 4 的字符
6    print(str[2:])         # 取下标从 2 开始到最后的字符
7    print(str[::-2])       # 倒序从后往前,取步长为 2 的字符
```

运行结果如下：

```
Hello
Pyth
Python
Hello
llo,Python!
!otPolH
```

微课 6-3

### 6.1.3 字符串的内建函数

字符串作为最常用的一种数据类型，它提供了很多内建函数，表 6-2 中列举了一些字符串常见的内建函数。

表 6-2 字符串常见的内建函数

| 函 数 名 | 相 关 描 述 |
|---|---|
| capitalize() | 将字符串的第一个字符转换为大写 |
| center(width[，fillchar]) | 返回一个指定宽度为 width、位置居中的字符串，fillchar 为填充的字符，默认为空格 |
| count(sub[，start，end]]) | 返回 sub 在字符串里面出现的次数 |
| endswith(suffix[，start[，end]]) | 检查字符串是否以 suffix 结束 |
| find(sub[，start[，end]]) | 检测 sub 是否包含在字符串中 |
| index(sub[，start[，end]]) | 跟 find()函数的功能一样，只不过如果 sub 不在字符串中会提示异常 |
| isalnum() | 如果字符串中至少有一个字符并且所有字符都是字母或数字则返回 True，否则返回 False |
| isalpha() | 如果字符串中至少有一个字符并且所有字符都是字母则返回 True，否则返回 False |
| isdecimal() | 如果字符串只包含十进制数字则返回 True 否则返回 False |
| isdigit() | 如果字符串只包含数字则返回 True 否则返回 False |
| islower() | 如果字符串中包含至少一个区分大小写的字符，并且所有这些(区分大小写的)字符都是小写，则返回 True，否则返回 False |
| isnumeric() | 如果字符串中只包含数字字符，则返回 True，否则返回 False |
| isspace() | 如果字符串中只包含空格，则返回 True，否则返回 False |
| istitle() | 如果字符串是标题化的(见 title())则返回 True，否则返回 False |
| isupper() | 如果字符串中包含至少一个区分大小写的字符，并且所有这些(区分大小写的)字符都是大写，则返回 True，否则返回 False |
| join(iterable) | 以指定字符串作为分隔符，将 iterable 中所有的元素(字符串表示)合并为一个新的字符串 |
| len(string) | 返回指定字符串的长度 |
| ljust(width[，fillchar) | 返回一个原字符串并左对齐，并使用 fillchar 填充至长度为 width 的新字符串，fillchar 默认为空格 |
| lower() | 将字符串中的所有大写字母转换为小写字母 |
| lstrip([chars]) | 删除字符串左边的空格 |
| replace(old，new [，count]) | 把字符串中的 old 替换成 new，如果 count 指定，则替换不超过 count 次 |

| 函　数　名 | 相　关　描　述 |
|---|---|
| rfind(str, beg＝0,len end＝len(string)) | 类似于 find() 函数,返回字符串最后一次出现的位置,如果没有匹配项则返回－1 |
| rjust(width,[, fillchar]) | 返回一个原字符串右对齐,并使用 fillhar(默认空格)填充至长度为 width 的新字符串,fillchar 默认为空格 |
| rstrip([chars]) | 删除字符串末尾的空格 |
| split(sep＝"", maxsplit＝-1) | 以 sep 为分隔符截取字符串,如果 maxsplit 有指定值,则仅截取 maxsplit 个子字符串 |
| startswith(prefix[, start[, end]]) | 检查字符串是否以 prefix 开头 |
| strip([chars]) | 相当于对字符串执行 lstrip() 和 rstrip()函数 |
| title() | 返回"标题化"的字符串,就是说所有单词都是以大写开始,其余字母均为小写 |
| upper() | 将字符串中的小写字母转换为大写字母 |

下面具体介绍表中部分函数。

1. capitalize()

capitalize()函数用于将字符串的第一个字母变成大写,其他字母变小写,该函数返回一个首字母大写的字符串。其语法格式如下:

```
str.capitalize()
```

【代码 6-5】 capitalize()函数的使用。

```
1    old_str="this is a Python code."
2    new_str=old_str.capitalize()
3    print(new_str)
```

代码说明:

(1) 代码第 2 行中调用了 capitalize()函数,串中的第一个字符变为大写,其他变小写。返回结果赋给 new_str。

(2) 代码输出 new_str。

运行结果如下:

```
This is a python code.
```

2. center()

center()函数返回一个宽度为 width,原字符串居中,以 fillchar(默认为空格)填充左右两边的字符串。其语法格式如下:

```
str.center (width[,fillchar])
```

参数说明如下。

(1) width:字符串的总宽度。

(2) fillchar:填充字符。

【代码 6-6】　center()函数的使用。

```
1    str="总宽度为 30,居中显示。"
2    result=str.center(30)
3    print(result)
```

运行结果如下：

总宽度为 30,居中显示。

**注意**：此处字符串两端各有 8 个宽度的空格。

**3. count()**

count()函数用于统计字符串里某个字符串出现的次数。可选参数为在字符串搜索的开始与结束位置,该函数返回子字符串在字符串中出现的次数。其语法格式如下：

str. count (sub[, start[, end]])

参数说明如下。

(1) sub：检索的子字符串。

(2) start：字符串开始搜索的位置。默认为第一个字符,该字符索引值为 0。

(3) end：字符串中结束搜索的位置。默认为字符串的长度。

【代码 6-7】　统计子串出现的次数。

```
1    s="What's your name? My name is Limei."
2    result=s.count("name")
3    print(result)
```

**代码说明**：代码第 2 行中调用了 count()函数,未指定 start 和 end,检索的是整个字符串,返回 name 子串在 s 串出现的次数。

运行结果如下：

2

**4. endswith()**

endswith()函数用于判断字符串是否以指定后缀结尾,如果以指定后缀结尾则返回 True,否则返回 False。可选参数 start 与 end 为检索字符串的开始与结束位置。其语法格式如下：

str .endswith(suffix[,start[, end]])

参数说明如下。

(1) suffix：该参数可以是一个字符串或者是一个元素。

(2) start：可选参数,字符串中的开始位置。

(3) end：可选参数,字符串中的结束位置。

【代码 6-8】　endswith()函数的使用。

```
1    str="This is a Python code."
2    result=str.endswith("code.")
3    print(result)
```

```
4    result=str.endswith("end.")
5    print(result)
```

**代码说明：**

（1）代码第 2 行调用了 endswith()函数，检测是否以 code. 为结尾的，返回 True 并赋给变量 result。

（2）代码第 4 行调用了 endswith()函数，检测是否以 end. 为结尾的，返回 False 并赋给变量 result。

运行结果如下：

```
True
False
```

### 5. find()

find()函数用于检测字符串中是否包含子字符串 sub，如果指定开始（start）和结束（end）范围，则检查是否包含在指定范围内。若包含子字符串则返回开始的索引值，否则返回-1。其语法格式如下：

```
str.find(sub[,start[, end]])
```

参数说明如下。

（1）sub：指定检索的子字符串。

（2）start：开始索引，默认为 0。

（3）end：结束索引，默认为字符串的长度。

**【代码 6-9】** 检测字符串中是否包含子串。

```
1    s="This is a substring test."
2    index=s.find("is")
3    print(index)
4    index=s.find("not")
5    print(index)
```

**代码说明：**

（1）代码第 2 行中调用了 find()函数，未指定 start 和 end,检索的是整个字符串，返回 is 子串所在位置的索引值 2。

（2）代码第 4 行中检索 not 子串，由于不存在该串，所以返回值为-1。

运行结果如下：

```
2
-1
```

### 6. lower()

lower()函数将字符串中的所有大写字母转换为小写字母，返回大写字母转为小写字母后的字符串。其语法格式如下：

```
str.lower ()
```

【代码 6-10】　lower()函数的使用。

```
1    str="This Is A Python Code."
2    result=str.lower()
3    print(result)
```

运行结果如下：

```
this is a python code.
```

### 7. lstrip()

lstrip()函数用于去掉字符串左边的空格或指定字符,返回的是一个新字符串。其语法格式如下：

```
str.lstrip([chars])
```

参数说明如下。

chars：指定截取的字符。不指定时,默认为空格。

【代码 6-11】　lstrip()函数的使用。

```
1    str="  Python is a good programing language."      # 串开头是空格
2    result=str.lstrip()
3    print(result)
```

运行结果如下：

```
Python is a good programing language.
```

**注意**：串开头的空格已去除。

### 8. replace()

replace()函数用于把字符串中的旧字符串(old)替换成新字符串(new),该函数返回的是替换后生成的新字符串。如果指定第 3 个参数 count,则替换不超过 count 次。其语法格式如下：

```
str.replace(old,new[, count])
```

参数说明如下。

(1) old：将被替换的子字符串。

(2) new：新字符串,用于替换 old 子字符串。

(3) count：可选参数,替换不超过 count 次。

【代码 6-12】　字符串替换操作。

```
1    old_str="What's your name? My name is Limei."
2    new_str=old_str.replace("Limei","Xiaoming")
3    print(new_str)
```

**代码说明**：代码第 2 行调用了 replace()函数,用串 Xiaoming 来替换 Limei,返回替换后的新串。

运行结果如下：

What's your name? My name is Xiaoming.

9. rstrip()

rstrip()函数用于删除字符串末尾的指定字符(默认为空格),返回的是一个新的字符串。其语法格式如下:

```
str.rstrip([chars])
```

参数说明如下。

chars:指定删除的字符,默认为空格。

【代码6-13】 rstrip()函数的使用。

```
1    str="Phtyon is a good programing language.     "              # 串结尾是空格
2    result=str.rstrip()
3    print(result)
```

运行结果如下:

```
Python is a good programing language.
```

**注意**:串结尾的空格已去除。

10. startswith()

startswith()是用于判断是否以指定子字符串开头,如果是,则返回 True,否则返回 False。若指定了 start 和 end 参数的值,则会在指定的范围内检查。其语法格式如下:

```
str.startswith (prefix[,start[,end]])
```

参数说明如下。

(1) prefix:检测的字符串。

(2) start:可选参数,用于设置字符串检测的起始位置。

(3) end:可选参数,用于设置字符串检测的结束位置。

【代码6-14】 startswith()函数的使用。

```
1    str="This is a Python code.     "
2    result=str.startswith("This")
3    print(result)
4    result=str.startswith("Hello")
5    print(result)
```

**代码说明**:

(1) 代码第 2 行调用了 startswith()函数,检测字符串是否以 This 开头的,返回 True 并赋给 result。

(2) 代码第 4 行调用了 startswith()函数,检测字符串是否以 Hello 开头的,返回 False 并赋给 result。

运行结果如下:

```
True
```

```
False
```

### 11. split()

split()函数用于通过指定分隔符对字符串进行切片,如果参数 maxsplit 有指定值,则仅分隔 maxsplit 个子字符串,该函数的返回值是分隔后的字符串列表。其语法格式如下:

```
str.split (sep="", maxsplit=-1)
```

参数说明如下。

(1) sep:分隔符,默认为所有空字符,包括空格、换行(\n)、制表符(\t)等。

(2) maxsplit:分割次数。默认为 $-1$,即分隔所有。

**【代码 6-15】** 字符串分隔。

```
1    s="What's your name? My name is Limei."
2    list1=s.split()
3    print(list1)
```

**代码说明:**

(1) 代码第 2 行中调用了 split()函数,未加参数,默认用空格来分隔,返回列表。

(2) 代码第 3 行输出列表值。

运行结果如下:

```
['What's','your','name?','My','name','is','Limei.']
```

### 12. strip()

strip()函数用于移除字符串头尾指定的字符(默认为空格),返回的是一个新字符串。其语法格式如下:

```
str.strip([chars])
```

参数说明如下。

chars:移除字符串头尾指定的字符。

**【代码 6-16】** strip()函数的使用。

```
1    # 串开头和结尾都有空格
2    str="    Python is a good programing language.    "
3    result=str.strip()
4    print(result)
```

运行结果如下:

```
Python is a good programing language.
```

**注意**:运行结果中串开头和结尾的空格已去除。

### 13. title()

title()函数用于返回"标题化"的字符串,也就是说所有单词都是以大写开始,其余字母均为小写。其语法格式如下:

```
str.title()
```

**【代码 6-17】** title()函数的使用。

```
1    old_str="this is a Python code."
2    new_str=old_str.title()
3    print(new_str)
```

**代码说明：**

（1）代码第 2 行中调用了 title()函数，串中每个单词都是以大写开始，其余字母小写。返回结果赋给 new_str。

（2）代码第 3 行输出 new_str。

运行结果如下：

```
This Is A Python Code.
```

**14. upper()**

upper()函数用于将字符串中的所有小写字母转为大写字母，并返回小写字母转为大写字母后的字符串。其语法格式如下：

```
str.upper ()
```

**【代码 6-18】** upper()函数的使用。

```
1    str="This is a Python code."
2    result=str.upper()
3    print(result)
```

运行结果如下：

```
THIS IS A PYTHON CODE.
```

## 6.1.4 字符串运算符

在前面的讲解中，已经学习到如何获取单个字符、使用切片、格式化输出字符串等。除此之外，在字符串中还能使用一些其他的运算符，表 6-3 列出常见的字符串运算符。

表 6-3 常见的字符串运算符

| 操作符 | 描 述 |
|---|---|
| + | 字符串连接 |
| * | 重复输出字符串 |
| [ ] | 通过索引获取字符串中的字符 |
| [:] | 截取字符串中的一部分 |
| in | 成员运算符。如果字符串中包含给定的字符，返回为 True |
| not in | 成员运算符。如果字符串中不包含给定的字符，返回为 True |
| r/R | 表示原始字符串。所有的字符串都是直接按照字面的意思来使用，没有转义、特殊或不能打印的字符。原始字符串除在字符串的第一个引号前加上字母 r（可以大小写）以外，与普通字符串有着几乎完全相同的语法 |

**【代码 6-19】** 字符串运算符的使用。

```
1    str1="绿水青山"
2    str2="就是金山银山。"
3    print(str1 + str2)
4    print('-'* 30)
5    print("绿水" in str1)
6    print(r"\nHello\nPython")
```

代码说明：

(1) 代码第 3 行中用了＋运算符，即将两个字符串首尾相连。

(2) 代码第 4 行用了 * 运算，重复输出 30 个短横线(-)。

(3) 代码第 5 行用了 in 运算，判断"绿水"是否在字符串 str1 中。

(4) 代码第 6 行使用了原始字符串，串中的\n 都是字面的意思，不代表转义字符。

运行结果如下：

```
绿水青山就是金山银山。
------------------------------
True
\nHello\nPython
```

## 6.1.5　任务实现

**【代码 6-20】** 对于代码 5-37 进行修改，并保存为文件 knotstring. py，实现列表值动态输入。改变列表定义，并增加函数 input_jie()，修改函数 knotmain()。

```
1    list_jie=[]                        # 定义空中国结参数列表
2    direction=[]                       # 定义空的中国结运动速度列表
3    original=[]
4    def input_jie():
5        i=1
6        while(True):
7            jie_info=t.textinput("输入中国结参数","第"+ str(i) + "个结参数,x,y,
             size,speed[输入 0,0,0,0 表示结束]")
8            s=jie_info.split(",")          # 将输入字符串分解成列表 s
9            news=[int(x) for x in s]       # 类型转换
10           if news[2]<=0:                 # 若输入尺寸为 0,则结束输入
11               break
12           list_jie.append(news[0:3])     # 将获取的参数列表添加到 list_jie 列表中
13           direction.append(news[3])
14           i=i+1
15   def knotmain():
16       global original                   # 声明使用的是全局变量的 original 列表
17       input_jie()                       # 调用 input_jie()完成中国结参数的输入
18       init()
19       original=direction.copy()         # 保存 direction 的原始值
20       main()
21       t.done()
```

代码说明：

(1) 代码第 1～3 行为空列表定义，列表的值将由程序在输入时获得。

(2) 代码第 6～14 行是 while 循环，每循环一次，输入一个中国结的位置和大小参数及速

度,并经过相关转换操作后存入 list_jie 列表及 direction 列表中。当输入为"0,0,0,0"时循环结束。

(3) 代码第 7 行使用 t.textinput()输入函数,该函数为有输入窗口界面的函数。输入数据格式:x,y,size。例如,−100,100,100,−5。函数的第一个参数"输入中国结参数"是字符串类型,为该窗口的标题。第二个参数为:"第"+str(i)+"个结参数,x,y,size,speed[输入 0,0,0,0 表示结束]"。在这个参数中,用到了 str()函数和字符串的加(+)运算,str(i)函数的作用是将 i 转换为字符串类型,加(+)运算是将左右两边的字符串首尾相连成一个新的字符串。输入的串赋值给 jie_info 变量。

(4) 代码第 8 行使用了字符串的 split()函数,以","为分隔符,将分隔后的元素存入列表 s 中。

(5) 代码第 10、11 行是循环结束条件的判断,如果输入的 size 参数为 0,则完成输入。

(6) 代码第 12 行将合法的参数列表的前三项存入 list_jie,作为一个中国结的参数。

(7) 代码第 13 行将输入参数列表的最后一项存入 direction,作为运动的速度。

(8) 代码第 15~21 行是对原文件中的函数 knotmain()的调用,主要用于调用 input_jie 以获得输入参数。

运行时输入第一个中国结输入参数:−200,200,100,−5;之后再输入:0,100,100,10;第三次输入:0,0,0,0,如图 6-2 所示。运行结果如图 6-3 所示。注意这里的逗号要用西文逗号。

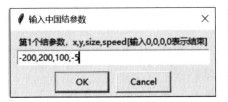

图 6-2　输入中国结参数界面

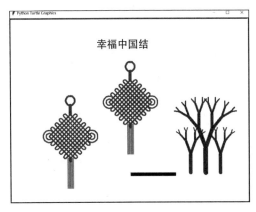

图 6-3　代码 6-19 运行结果

# 任务6.2　文　　件

【任务描述】

针对第 1 章中的中国结动画综合案例,在绘制中国结时需要每个中国结的位置和大小等相关数据,这些数据已保存一个文本文件中,在绘制时,通过读取该文件中的数据作为绘制时的参数。

**【任务分析】**

（1）理解文件的概念。

（2）掌握文件的打开关闭操作。

（3）掌握文件的读写操作。

## 6.2.1 文件概述

文件是计算机中数据持久化存储的表现形式,利用存储设备可以长期存储计算机的文件数据。

所谓文件是指一组相关数据的有序集合,该数据集有一个名称,叫作文件名。实际上在前面的各章中已经多次使用了文件,如源程序文件、目标文件、可执行文件、库文件(头文件)等。文件通常是驻留在外部介质(如磁盘等)上的,在使用时才调入内存中来。从文件编码的方式来看,文件可分为 ASCII 文件和二进制文件两种。

ASCII 文件也称为文本文件,这种文件在磁盘中存放时每个字符对应一个字符,用于存放对应的 ASCII 码。例如,字符串 1234 的存储形式在磁盘上是 31H、32H、33H、34H 4 个字符,即 1、2、3、4 的 ASCII 码,在 Windows 的记事本程序中输入 1234 后存盘为一个文件,就可以看到该文件在磁盘中占 4 个字符,打开此文件后可以看到 1234 的字符串。ASCII 文件可在屏幕上按字符显示,因为各个字符对应其 ASCII,每个 ASCII 二进制数都被解释成为一个可见字符。ASCII 文件很多,例如源程序文件就是 ASCII 文件,用 DOS 命令 TYPE 可显示文件的内容。由于是按字符显示,因此能读懂 ASCII 文件内容。

文件在进行读写操作之前要先打开,使用完毕要关闭。所谓打开文件,实际上是建立文件的各种有关信息,并使文件指针指向该文件,以便进行读写等其他操作。关闭文件则指断开指针与文件之间的联系,即禁止再对该文件进行操作,同时释放文件占用的资源。

## 6.2.2 文件的打开与关闭

微课 6-4

### 1. 文件的打开

在 Python 中,用 open()函数来打开文件,语法格式如下:

文件对象=open (文件名 [,文件访问模式][,encoding="编码格式"])

参数说明如下。

（1）文件对象。它是指一个 Python 对象,open()函数的作用是打开文件,该函数返回一个文件对象。

（2）文件名。它是指被打开的文件名称,为必填项。

（3）文件访问模式。可选项,默认文件访问模式是读(r)。

（4）encoding="编码格式"可选项。在中文 Windows 系统中如果不指定文本文件的编码,那么它采用系统默认的 GBK 编码,即一个英文字母是 ASCII 码,另一个汉字是两个字节的内码。如果不使用默认的编码,则可用 encoding 参数指定编码为 UTF-8 编码,在 UTF-8 编码中,一个汉字为三个字节。文件如果是用 GBK 编码存储的,就一定使用 GBK 编码打开读取,不能使用 UTF-8 编码打开读取,反之亦然。

**【代码6-21】** 打开文件。

```
1    # 打开一个文件
2    f=open("test.txt","w")
```

**代码说明：**

（1）代码第 1 行是注释。

（2）代码第 2 行用 open()函数以 w 方式打开 test.txt 文件，并返回文件对象 f。

如果使用 open()函数打开文件时，只传入了文件名参数，则只能读取文件。如果想在打开文件时编写数据，则必须指明文件的访问模式。在 Python 中文件的访问模式有多种，具体见表 6-4。表中，r 表示读，w 表示写，a 表示追加，b 表示二进制。

表 6-4　文件的访问模式

| 访问模式 | 说　　　　明 |
| --- | --- |
| r | 默认模式。以只读方式打开文件，文件的指针将会放在文件的开头 |
| w | 打开一个文件只用于写入。如果该文件已存在则将其覆盖；如果该文件不存在，则创建一个新文件 |
| a | 打开一个文件用于追加。如果该文件已存在，文件指针将会放在文件的结尾，也就是说，新的内容将会被写入到已有内容之后；如果该文件不存在，则创建新文件进行写入 |
| rb | 以二进制格式打开一个文件用于只读。文件指针将会放在文件的开头 |
| wb | 以二进制格式打开一个文件只用于写入。如果该文件已存在则将其覆盖；如果该文件不存在，则创建一个新文件 |
| ab | 以二进制格式打开一个文件用于追加。如果该文件已存在，文件指针将会放在文件的结尾，也就是说，新的内容将会被写入到已有内容之后；如果该文件不存在，则创建新文件进行写入 |
| r+ | 打开一个文件用于读写。文件指针将会放在文件的开头 |
| w+ | 打开一个文件用于读写。如果该文件已存在则将其覆盖；如果该文件不存在，则创建一个新文件 |
| a+ | 打开一个文件用于读写。如果该文件已存在，文件指针将会放在文件的结尾，文件打开时会处于追加模式；如果该文件不存在，则创建一个新文件用于读写 |
| rb+ | 以二进制格式打开一个文件用于读写。文件指针将会放在文件开头 |
| wb+ | 以二进制格式打开一个文件用于读写。如果该文件已存在则将其覆盖；如果该文件不存在，则创建一个新文件 |
| ab+ | 以二进制格式打开一个文件用于追加。如果该文件已存在，文件指针将会放在文件的结尾；如果该文件不存在，则创建一个新文件用于读写 |

**2. 文件的关闭**

打开文件并对其操作完毕后，切记要关闭文件，以释放文件资源，否则一旦程序出错，可能导致文件中的数据丢失。关闭文件操作非常简单，语法格式如下：

文件对象.close()

其中，"文件对象"是用 open()函数打开后返回的对象。

**【代码6-22】** 关闭文件。

```
1    # 关闭打开的文件
2    f.close()
```

**代码说明：**

（1）代码第1行是注释。

（2）代码第2行用close()方法关闭文件。

3．文件操作的异常处理

对于文件的操作一般要处理异常，比如如果试图打开一个不存在的文件进行读操作时，就会出现错误。

【代码6-23】 异常操作。

```
1    # 打开一个文件进行读操作
2    f=open("test.txt","r")
3    s=f.read()
4    # 关闭一个文件
5    f.close()
```

代码说明：代码第2行是以只读方式打开文件。由于 test.txt 文件不存在，运行时会出现错误提示。

文件操作属于 I/O 操作，在进行 I/O 操作中可能因为 I/O 设备的原因有时操作不正确，因此 I/O 操作一般建议使用 try 语句捕获有可能发生的错误，可将代码 6-23 更改为以下代码。

【代码6-24】 异常处理。

```
1    try:
2        # 打开一个文件进行读操作
3        f=open("test.txt","r")?
4        s=f.read()
5        # 关闭一个文件
6        f.close()
7    except:
8        print("文件不存在,打开失败。")
```

**代码说明：**

（1）代码第1行 try 语句捕获可能发生的错误。

（2）代码第7行如果捕获到错误，则执行第8行 except 子句中的语句。

### 6.2.3　文件的读/写操作

对文件最主要的操作就是对其内容的读取和写入。接下来，本节将分别针对文件的读写进行讲解。

1．写文件

向文件中写数据，使用 write()方法来完成。它的功能是把一个字符串写入指定的文件中，语法格式如下：

```
文件对象.write(s)
```

其中，s 是待写入的字符串。在使用此方法时要注意以下两点。

（1）被写入的文件可以采用写入、追加方式打开,用写入方式打开一个已存在的文件时将清除原有的文件内容,写入字符从文件首开始。如需保留原有文件内容,希望写入的字符从文件末开始存放,则必须以追加方式打开文件。

（2）每写入一个字符串,文件内部指针位置将向后移动到其末尾,指向下一个待写入的位置。

【代码 6-25】 向 param.txt 文件中写入一个字符串。

```
1    try:
2        # 打开一个文件
3        f=open("param.txt","w")
4        f.write("num:2\n")
5        # 关闭打开的文件
6        f.close()
7    except Exception as err:
8        print(err)
```

**代码说明：**

（1）代码第 3 行是以只写方式打开文件。如果该文件已存在则将其覆盖；如果该文件不存在,则创建一个新文件。

（2）代码第 4 行用 write()方法将字符串写入到 param.txt 文件。注意,此字符串中的\n是转义字符,表示换行的意思。

这时 param.txt 文件中的内容如下：

```
num:2
```

【代码 6-26】 向 param.txt 文件中追加一个字符串。

```
1    try:
2        # 打开一个文件
3        f=open("param.txt","a")
4        f.write("-200,200,100,-5")
5        # 关闭打开的文件
6        f.close()
7    except Exception as err:
8        print(err)
```

**代码说明：**

（1）代码第 3 行是以追加方式打开文件。

（2）代码第 4 行用 write()方法将字符串写入到 param.txt 文件中。

这时 param.txt 文件中的内容为两行。

```
num:2
-200,200,100,-5
```

**注意：**

（1）当向文件以追加(a)方式写入数据时,如果文件不存在,则系统会自动创建一个文件并写入数据；如果文件已存在,则会在文件尾部追加内容。

（2）如果写入的不是字符串,则需要先进行类型转换为字符串后再进行写入。

### 2. 读文件

要读出存储在文本文件中的数据,可以通过多种方式来获取,具体有以下三种。

1) read()

read()的作用是从指定的文件中读数据,返回字符串。其语法格式如下:

文件对象.read(n)

其中,n 表示要从文件中读取的数据的长度,单位为字节。如果没有指定 n,则表示读取文件的全部数据。

**【代码 6-27】** 在代码 6-26 的基础上,从 param.txt 文件中读取部分或全部字符串。

```
1    try:
2        # 打开一个文件
3        f=open("param.txt","r")
4        s1=f.read(6)
5        s2=f.read()
6        print("s1输出的结果为:\n"+s1)
7        print("\ns2输出的结果为:\n"+s2)
8        # 关闭打开的文件
9        f.close()
10   except Exception as err:
11       print(err)
```

**代码说明:**

(1) 代码第 3 行是以只读方式打开文件。

(2) 代码第 4 行用 read(6)方法读出文件开始的 6 个字符,并赋给 s1。

(3) 代码第 5 行用 read()方法读出文件中剩余的所有字符,并赋给 s2,此处注意括号中无参数。

(4) 代码第 6 行输出 s1。

(5) 代码第 7 行输出 s2。

运行结果如下:

```
s1输出的结果为: num:2
s2输出的结果为: -200,200,100,-5
```

2) readline()

使用 readline()方法可以一行一行地读取文件中的数据,返回以行为单位的字符串,行末包含\n。其语法格式如下:

文件对象.readline()

**【代码 6-28】** 在代码 6-26 的基础上,从 param.txt 文件中以行为单位读取数据。

```
1    try:
2        # 打开一个文件
3        f=open("param.txt","r")
4        s=f.readline()
5        while s:
6            print(s)
```

```
7         s=f.readline()
8         #  关闭打开的文件
9      f.close()
10  except Exception as err:
11      print(err)
```

**代码说明：**

（1）代码第 4 行用 readline()方法读出一行数据,并赋给 s。

（2）代码第 5～7 行通过 while 循环逐行读出数据并输出,直至文件结束。

运行结果如下：

```
num:2
-200,200,100,-5
```

3）readlines()

readlines()方法读取该文件中包含的所有行,并返回一个列表,列表中的每个元素为文件中的每一行数据。其语法格式如下：

```
文件对象.readlines()
```

**【代码 6-29】** 在代码 6-26 的基础上,从 param.txt 文件中读取所有行数据。

```
1   try:
2      #  打开一个文件
3      f=open("param.txt","r")
4      s=f.readlines()
5      print(s)
6      #  关闭打开的文件
7      f.close()
8   except Exception as err:
9      print(err)
```

**代码说明：**

（1）代码第 4 行用 readlines()方法读出所有行,并赋给 s。

（2）代码第 5 行输出所有行的数据。

也可以使用循环语句遍历列表中元素后依次输出每个元素。在上述第 4 行得到的 s 变量中使用 for 循环遍历列表,如代码 6-30。

**【代码 6-30】** 在代码 6-26 的基础上,将读出返回的列表元素依次输出。

```
1   try:
2      #  打开一个文件
3      f=open("param.txt","r")
4      s=f.readlines()
5      for line in s:
6          print(line)
7          #  关闭打开的文件
8      f.close()
9   except Exception as err:
10      print(err)
```

**代码说明:**

(1) 代码第 4 行用 readlines()方法读出所有行,并赋给变量 s。

(2) 代码第 5 行用 for 循环语句依次得到 s 列表中的每个元素。

(3) 代码第 6 行输出列表元素。

对于上述代码 6-28~代码 6-30 虽然采用的方法不一样,但是输出的结果一样的。

### 3. 文件的读写定位

在前面的学习中,对文件的读写都是顺序进行的。但是在实际开发中,可能会需要从文件的某个指定位置开始读写。这时,我们需要对文件的读写位置进行定位,包括获取文件当前的读写位置,以及定位到文件的指定读写位置。接下来,就对这两种定位方式进行详细介绍。

1) tell()方法

在读写文件的过程中,如果想知道当前读取到了文件的哪个位置,则可以使用 tell()方法来获取,该方法会返回文件指针的当前位置。其语法格式如下:

文件对象.tell()

**【代码 6-31】** 获取文件指针的当前位置。

```
1   try:
2       # 打开一个文件
3       f=open("param.txt","r")
4       print(f.tell())
5       s=f.read(6)
6       print(f.tell())
7       s=f.read(2)
8       print(f.tell())
9       # 关闭打开的文件
10      f.close()
11  except Exception as err:
12      print(err)
```

**代码说明:**

(1) 代码第 4 行输出文件刚打开时的指针位置。

(2) 代码第 6 行输出执行了方法 read(6)后的文件指针位置。

(3) 代码第 8 行继续输出执行了方法 read(2)后的文件指针位置。

运行结果如下:

```
0
7
9
```

2) seek()方法

如果要从指定的位置开始读取或写入数据,则可以使用 seek()方法来移动指针。其语法格式如下:

文件对象.seek (offset[, whence])

参数说明如下。

(1) offset:表示开始的偏移量,也就是代表需要移动偏移的字节数。

（2）whence：可选项，表示要从哪个位置开始偏移，该参数的值有以下三个。

① SEEK_SET 或 0，为默认值，代表从文件开头开始算起。

② SEEK_CUR 或 1，代表从当前位置开始算起。

③ SEEK_END 或 2，代表从文件末尾算起。

该方法如果操作成功，则返回新的文件位置，如果操作失败，则返回-1。

【代码 6-32】　文件指针移动操作。

```
1    try:
2        # 打开一个文件
3        f=open("param.txt","r+ ")
4        # 文件打开时，指针在文件开头
5        print(f.tell())
6        s=f.readline()
7        print("读取的数据为:" + s)
8
9        # 指针移动到文件开头
10       f.seek(0,0)
11       s=f.readline()
12       print("读取的数据为:" + s)
13
14       # 指针移动到文件末尾
15       f.seek(0,2)
16       f.write("0,100,100,10")
17       print(f.tell())
18
19       # 关闭打开的文件
20       f.close()
21   except Exception as err:
22       print(err)
```

**代码说明：**

（1）代码第 5 行输出当前指针位置，在文件开头。

（2）代码第 6、7 行读取第一行字符串并输出，此时文件指针定位在第一行字符串后的位置。

（3）代码第 10 行将文件指针移动到文件开头。

（4）代码第 11、12 行读取的仍是第一行字符串并输出，此时文件指针定位在第一行字符串后的位置。

（5）代码第 15 行将文件指针移动到文件末尾。

（6）代码第 16 行从指针当前位置将字符串写入文件。

（7）代码第 17 行输出指针当前位置，在文件尾。

运行结果如下：

```
0
读取的数据为:num:2
读取的数据为:num:2
43
```

**注意**：此数据根据具体文件大小可能不一样。

### 6.2.4　文件的重命名和删除

有时需要对文件进行重命名或者删除操作,在 Python 中的 os 模块中已经包含了这些功能,要使用它必须先使用语句 import os 导入。以下逐一介绍这些功能。

#### 1. 文件的重命名

在 os 模块中的 rename()方法完成对文件的重命名。其语法格式如下:

```
os.rename(Cur_Filename,New_Filename)
```

参数说明如下。
Cur_Filename 为现在的文件名,New_Filename 为修改后的新文件名。

**【代码 6-33】** 将文件 param. txt 重命名为 result. txt。

```
1    import os
2    # 将文件 param.txt 重命名为 result.txt
3    os.rename("param.txt","result.txt")
```

**代码说明:**
(1) 代码第 1 行导入 os 模块。
(2) 代码第 3 行用 rename()方法重命名 param. txt 为 result. txt。

#### 2. 文件的删除

在 os 模块中的 remove()方法可用于完成对文件的删除操作。其语法格式如下:

```
os.remove(Filename)
```

参数说明如下。
Filename 为待删除的文件名。如该文件不存在,则会引起错误。

**【代码 6-34】** 删除 result. txt 文件。

```
1    import os
2    # 删除 result.txt 文件
3    os.remove("result.txt")
```

**代码说明:**
代码第 3 行用 remove()方法删除了 result. txt 文件。

### 6.2.5　文件夹的相关操作

在实际项目开发过程中,有时需要了解当前文件所在的文件夹,需要进行创建新的文件夹等操作,这些操作同样需要 os 模块。下面介绍几个常用的文件夹操作。

#### 1. 创建文件夹

在 os 模块中的 mkdir()方法用来创建文件夹,示例代码如下:

```
import os
os.mkdir("chapt6")
```

**2. 获取当前目录**

在 os 模块中的 getcwd()方法用来获取当前目录,示例代码如下:

```
import os
os.getcwd()
```

**3. 改变当前目录**

在 os 模块中的 chdir()方法用来改变当前的目录,参数为目标目录,示例代码如下:

```
import os
os.chdir("newdir")
```

**4. 获取目录列表**

在 os 模块中的 listdir()方法用来获取指定目录下的目录列表,示例代码如下:

```
import os
os.listdir("./")
```

上面的示例代码为获取当前目录下的目录列表。

**5. 删除文件夹**

在 os 模块中的 rmdir()方法用来删除文件夹,示例代码如下:

```
import os
os.rmdir("chapt6")
```

## 6.2.6 任务实现

【代码 6-35】 任务代码实现,从一个按既定格式存放数据的文件中读取中国结数据。打开保存代码 6-19 的文件,注释掉原有的 input_jie 代码部分,用下面代码的 input_jie 内容替换,从而实现从文件中读取参数的效果。数据存储在文件读写部分的 param.txt 文件中。

```
1    list_jie=[]
2    direction=[]
3    original=[]
4    # 此函数文件读取多个中国结的数据,中国结的数据已保存在 param.txt 中
5    # param 文件可以自己创建
6    def input_jie():
7        try:
8            num=0
9            f=open("param.txt","r")
10           line=f.readline()
11           lc=line.split(":")
12           if lc[0]=='num':
13               num=int(lc[1])
14               for i in range(num):
15                   jie_info=f.readline()
```

```
16              s=jie_info.split(",")
17              news=[int(x) for x in s]
18              list_jie.append(news[0:3])   # 将获取的参数列表添加到 list_jie 列表中
19              direction.append(news[-1])
20          f.close()
21      except Exception as err:
22          print(err)
```

**代码说明：**

（1）代码第 9 行使用 open()函数以只读方式打开 param.txt 文件。

（2）代码第 10 行使用 readline()方法读到文件中的第一行数据"num:2"，并赋值给 line。该行获得中国结的数量。

（3）代码第 11 行使用 split()函数以"："为分隔符，将 line 串分隔后赋给 lc 列表。

（4）代码第 12 行判断 lc[0]是否为 num，若是则继续执行分支语句。

（5）代码第 13 行将 lc[1]值赋给 num 变量。

（6）代码第 14 行到第 19 行执行 for 循环语句，循环 num 次。循环体内第 15 行依次读取文本文件中的一行数据，该行数据为中国结的位置、大小和速度。第 16 行将串 jie_info 分隔后存入 s 列表，后续动作与代码 6-19 相同。

（7）代码第 20 行关闭文件。

（8）代码运行结果同代码 6-19。

# 小　　结

本章结合绘制中国结的案例，介绍了如何将绘制中国结时的位置和尺寸所需的数据输入，并保存在字符串中。对字符串的输入输出、获取元素、内建函数、字符串的运算符操作进行了详细讲解。为了提高程序运行的效率，结合文件操作，介绍了文件的定义、打开和关闭、读写和定位、重命名、删除等操作。事先将绘制中国结所需的颜色、数量、位置、大小等相关数据，以字符串形式存储在文本文件中，继而通过对文件的读写等一系列操作完成了任务实现。

# 习　　题

**一、选择题**

1. 当需要在字符串中使用特殊字符时，Python 使用（　　　）作为转义字符。

　　A. \ 　　　　　　　　B. / 　　　　　　　　C. ♯ 　　　　　　　　D. %

2. 下列数据中，不属于字符串的是（　　）。

　　A. 'python520' 　　B. "perfect" 　　C. "8world" 　　D. hi

3. 使用（　　）符号对整数类型的数据进行格式化。

　　A. %c 　　　　　　　B. %f 　　　　　　　C. %d 　　　　　　　D. %s

4. 字符串"Hello,Python"中，字符 P 对应的下标位置为（　　　）。

　　A. 1 　　　　　　　　B. 2 　　　　　　　　C. 3 　　　　　　　　D. 6

5. 下列方法中，能够让所有单词的首字母变成大写的方法是（　　　）。

    A. capitalize()      B. title()      C. upper()      D. ljust()

6. 打开一个已有文件,然后在文件末尾添加信息,正确的打开方式为(　　)。

    A. r           B. w           C. r+           D. a

7. 假设 file 是文本文件对象,下列选项中,用于读取一行内容的是(　　)。

    A. file.read()                      B. file.read(30)

    C. file.readline()                D. file.readlines()

8. 假设文件不存在,如果使用 open() 方法打开文件会报错,那么该文件的打开方式是(　　)模式。

    A. r           B. w           C. a           D. w+

9. 下列方法中,用于获取当前目录的是(　　)。

    A. open()      B. write()      C. getcwd()      D. read()

10. 下列语句打开文件的位置应该在(　　)。

```
f = open('itheima.txt', 'w')
```

    A. C 盘根目录下              B. D 盘根目录下

    C. Python 安装目录下       D. 与源文件在相同的目录下

**二、判断题**

1. 无论使用单引号或双引号包含字符,使用 print() 输出的结果都一样。(　　)

2. 用 input() 接收的数据,不一定都是字符串。(　　)

3. 使用下标可以访问字符串中的每个字符。(　　)

4. 切片选取的区间范围是从起始位开始,到结束位结束。(　　)

5. Python 中只有一个字母的字符串属于字符类型。(　　)

6. 如果 index() 方法没有在字符串中找到子串,则会返回 -1。(　　)

7. 打开一个可读写的文件,如果文件存在则会被覆盖。(　　)

8. 文件打开的默认方式是只读。(　　)

9. 使用 write() 方法写入文件时,数据会追加到文件的末尾。(　　)

10. 文件夹的操作要用到 os 模块。(　　)

**三、填空题**

1. 去除字符串开头位置的空格用函数_____。

2. 像双引号这样的特殊符号,需要用_____对它进行输出。

3. Python 3 提供了_____函数从标准输入(如键盘)读入一行文本。

4. count() 函数的作用是_____。

5. 函数通过_____指定分隔符对字符串进行切片。

6. 文件使用结束后,应该调用_____方法完成文件关闭,以释放资源。

7. 在读写文件的过程中,_____方法可以获取当前的读写位置。

8. seek() 方法用于移动指针到指定位置,该方法中_____参数表示要偏移的字节数。

9. 使用 readlines() 方法把整个文件中的内容进行一次性读取,返回的是一个_____。

10. os 模块中的 mkdir() 方法用于创建_____。

**四、程序分析题**

阅读下面的程序,分析代码是否能够编译通过。如果能编译通过,请列出运行的结果,否则请说明编译失败的原因。

（1）代码一。

```
x=input("请输入一个整数：")
y=input("请输入一个整数：")
if x% y==0:
    print ("验证码正确")
```

（2）代码二。

```
name='progarmmer'
print (name[4])
```

（3）代码三。

```
str='This is a string.'
index=str.find("is")
print (index)
```

## 五、编程题

1. 从键盘输入一行字符，统计出字符串中包含字母的个数。

2. 统计一个字符串中子串的出现次数。要求字符串和子串都从键盘输入。

3. 读取一个文件，显示除了以♯开头的行以外的所有行。

4. 将自己的学号姓名，写入文本文件 readme.txt 中。

5. 从键盘输入一个字符串，将小写字母全部转换成大写字母，然后输出到一个磁盘文件 test.txt 中保存，并实现循环输入，直到输入一个符号♯为止。

# 第 7 章

# 正则表达式和网络爬虫

## Chapter 7

## 【学习目标】

(1) 理解正则表达式的概念。

(2) 理解正则表达式模式。

(3) 运用 re 模块进行正则表达式匹配。

(4) 运用 urllib 等库编写基本 URL 访问过程。

(5) 掌握网络爬虫的基本方法。

(6) 综合应用正则表达式、urllib 实现网络爬虫。

随着网络的快速发展,如何有效地提取并利用网络信息在很大程度上决定了解决问题的效率。搜索引擎作为辅助程序员检索信息的工具已经有些力不从心。如何更高效地获取指定信息需要定向抓取并分析网页资源,网络爬虫则是最有效的途径之一。Python 语言提供了很多类似的函数库,包括 urllib、requests 等。对于爬取回来的网页内容,可通过 re(正则表达式)等模块来处理。本章将详细介绍正则表达式的概念、模式和 re 模块,以及运用 urllib 库获取网页内容,然后使用 re 模块对其进行解析。

## 任务 7.1  理解正则表达式

### 【任务描述】

理解正则表达式的概念,以及正则表达式的模式,学会应用 re 模块进行字符串匹配。

### 【任务分析】

(1) 理解正则表达式的概念。

(2) 理解正则表达式的模式。

(3) 运用 re 模块的函数进行正则表达式匹配。

### 7.1.1  正则表达式

正则表达式是一个特殊的字符序列,它是一段描述字符串规则的代码。它能帮助我们便捷地检查一个字符串是否与某个模式匹配。Python 提供了 re 模块支持正则表达式,re 模块使 Python 语言拥有全部的正则表达式功能,它提供了 Perl 风格的正则表达式模式。

### 7.1.2  正则表达式模式语法

正则表达式模式是以包含文本和特殊字符序列的字符串形式指定的。由于模式大量使用特殊字符和反斜杠,所以它们通常写为"原始"字符串,如 r'(? P<int>\d+).(\d * )'。本节中的所有正则表达式都使用原始字符串语法来表示。

正则表达式模式能够识别的特殊字符序列见表7-1。

表7-1  正则表达式模式语法

| 字　符 | 描　　述 |
|---|---|
| text | 匹配文本字符串 text |
| . | 匹配任何字符串,但换行符除外 |
| ^ | 匹配字符串的开始标志 |
| $ | 匹配字符串的结束标志 |
| * | 匹配前面表达式 0 次或多次,尽可能多地匹配 |
| + | 匹配前面表达式 1 次或多次,尽可能多地匹配 |
| ? | 匹配前面表达式 0 次或 1 次 |
| *? | 匹配前面表达式 0 次或多次,尽可能少地匹配 |
| +? | 匹配前面表达式 1 次或多次,尽可能少地匹配 |
| ?? | 匹配前面表达式 0 次或 1 次,尽可能少地匹配 |
| {m} | 准确匹配前面表达式 m 次 |
| {m,n} | 匹配前面表达式至少 m 次,最多 n 次,尽可能多地匹配。如果省略了 m,默认设置为 0。如果省略了 n,则默认设置为无穷大 |
| {m,n}? | 匹配前面表达式至少 m 次,最多 n 次,尽可能少地匹配 |
| [] | 匹配一组字符,匹配这组字符中的任意一个,如 r'[abcdef]'或 r'[a-zA-Z]',匹配 abcdef 中的任意一个字符或 a 到 z 和 A 到 Z 之间的任意一个字符。特殊字符(如 * )在字符集中是无效的 |
| [^] | 匹配集合中未包含的字符,如 r"[^0-9]" |
| A\|B | 匹配 A 或 B,其中 A 和 B 都是正则表达式 |
| () | 匹配圆括号中的正则表达式(圆括号中的内容为一个分组)并保存匹配的子字符串。在匹配时,分组的内容可以使用所获得的 MatchObject 对象的 group() 方法获取 |
| (? aiLmsux) | 将字符 a、i、L、m、s、u 和 x 解释为与提供给 re. compile() 的 re. A、re. I、re. L、re. M、re. S、re. U、re. X 相对应的标志设置。a 仅在 Python3 中可用 |
| (?) | 匹配圆括号中的正则表达式,但丢弃匹配的子字符串 |
| (? P<name>) | 匹配圆括号中的正则表达式并创建一个指定分组。分组名称必须是有效的 Python 标识符 |
| (? P=name) | 匹配一个早期指定的分组所匹配的文本 |
| (? ♯) | 一个注释。圆括号中的内容将被忽略 |
| (? =) | 只有在括号中的模式匹配时,才匹配前面的表达式。例如,Hello(? =World)只有在 World 匹配时才匹配 Hello |
| (?!) | 只有在括号中的模式不匹配时,才匹配前面的表达式。例如,Hello(? =World)只有在 World 不匹配时才匹配 Hello |
| (? <=) | 如果括号后面的表达式前面的值与括号中的模式匹配,则匹配该表达式。例如,只有当 def 前面是 abc 时,r"(? <=abc)def"才会与它匹配 |
| (? <!) | 如果括号后面的表达式前面的值与括号中的模式不匹配,则匹配该表达式。例如,只有当 def 前面不是 abc 时,r"(? <! abc)def"才会与它匹配 |
| (? (id \| name) ypat \| npat) | 检查 id 或 name 标识的正则表达式组是否存在。如果存在,则匹配正则表达式 ypat。否则,匹配可选的表达式 npat。例如,模式 r"(Hello)? (? (1)World \| Howdy)"匹配字符串 Hello World 或 Hello Howdy |

下面我们将调用 re 模块中的 search() 函数对表 7-1 中的模式进行举例说明。search() 函数的语法为 search(pattern,string,flags)，在字符串 string 匹配正则表达式模式 pattern 时，如果匹配成功则返回一个匹配的对象，否则返回 None。flags 是标志位，用于控制正则表达式的匹配方式，如是否区分大小写、是否为多行匹配等，可以默认。

**【代码 7-1】**　正则表达式模式语法示例。

代码 7-1

```
1    import re
2    print(re.search("baidu","www.baidu.com"))
3    print(re.search(".","www.baidu.com"))
4    print(re.search("^http","https://wwww.baidu.com"))
5    print(re.search("com$ ","https://wwww.baidu.com"))
6    print(re.search("w* ","www.baidu.com"))
7    print(re.search("w+ ","www.baidu.com"))
8    print(re.search("w?","www.baidu.com"))
9    print(re.search("w* ?","www.baidu.com"))
10   print(re.search("w+ ?","www.baidu.com"))
11   print(re.search("w??","www.baidu.com"))
12   print(re.search("w{2}","www.baidu.com"))
13   print(re.search("w{1,3}","www.baidu.com"))
14   print(re.search("w{1,3}?","www.baidu.com"))
15   print(re.search("[wai]","www.baidu.com"))
16   print(re.search("[^wai]","www.baidu.com"))
17   print(re.search("[www|com]","www.baidu.com"))
18   print(re.search("(www)","www.baidu.com"))
19   print(re.search("(?:www)","www.baidu.com"))
20   print(re.search("(? P<Domain>www)","www.baidu.com"))
21   print(re.search("www(? =\.)","www.baidu.com"))
22   print(re.search("www(?!\.)","www.baidu.com"))
23   print(re.search("www(?! http)","www.baidu.com"))
24   print(re.search("(? <= www)\.baidu","www.baidu.com"))
25   print(re.search("(? <! www)\.baidu","www.baidu.com"))
26   print(re.search("(? <! http)\.baidu","www.baidu.com"))
```

**代码说明：**

（1）代码第 1 行导入 re 模块。

（2）代码第 2 行通过调用 search() 函数在字符串 www.baidu.com 中匹配文字字符串 baidu，结果为 < re. Match object；span=(4,9),match= 'baidu'>，说明匹配成功。

（3）代码第 3 行通过调用 search() 函数在字符串 www.baidu.com 中匹配任意字符，结果为 < re. Match object；span=(0,1),match= 'w'>，说明匹配了任意字符 w，匹配成功。

（4）代码第 4 行通过调用 search() 函数在字符串"https://www.baidu.com"中匹配以 http 开始的字符串，结果为 < re. Match object；span=(0,4),match= 'http'>，说明匹配成功。

（5）代码第 5 行通过调用 search() 函数在字符串"https://www.baidu.com"中匹配以 com 结尾的字符串，结果为 < re. Match object；span=(19,22),match= 'com'>，说明匹配成功。

（6）代码第 6 行通过调用 search() 函数在字符串 www.baidu.com 中匹配 0 个或多个 w 字符，并且尽可能多地匹配，结果为 < re. Match object；span=(0,3),match= 'www'>，说明匹配了 www。

（7）代码第 7 行通过调用 search()函数在字符串 www. baidu. com 中匹配 1 个或多个 w 字符,并且尽可能多地匹配,结果为< re. Match object；span=(0,3),match='www'>,说明匹配了 www。

（8）代码第 8 行通过调用 search()函数在字符串 www. baidu. com 中匹配 0 个或 1 个 w 字符,结果为< re. Match object；span=(0,1),match='w'>,说明匹配了 w,这样的匹配称为非贪婪式匹配。

（9）代码第 9 行通过调用 search()函数在字符串 www. baidu. com 中匹配 0 个或多个 w 字符,并且尽可能少地匹配,结果为< re. Match object；span=(0,0),match=''>,说明匹配了最少的 0 个。

（10）代码第 10 行通过调用 search()函数在字符串 www. baidu. com 中匹配 1 个或多个 w 字符,并且尽可能少地匹配,结果为< re. Match object；span=(0,1),match='w'>,说明匹配了最少的 1 个 w。

（11）代码第 11 行通过调用 search()函数在字符串 www. baidu. com 中匹配 0 个或 1 个 w 字符,并且尽可能少地匹配,结果为<re. Match object；span=(0,0),match=''>,说明匹配了最少的 0 个。

（12）代码第 12 行通过调用 search()函数在字符串 www. baidu. com 中准确匹配 2 个 w 字符,结果为< re. Match object；span=(0,2),match='ww'>,说明匹配成功。

（13）代码第 13 行通过调用 search()函数在字符串 www. baidu. com 中至少匹配 1 个,最多匹配 3 个 w 字符,并且尽可能多地匹配,结果为< re. Match object；span=(0,3),match='www'>,匹配了最多 3 个 w 字符。

（14）代码第 14 行通过调用 search()函数在字符串 www. baidu. com 中至少匹配 1 个,最多匹配 3 个 w 字符,并且尽可能少地匹配,结果为< re. Match object；span=(0,1),match='w'>,匹配了最少 1 个 w。

（15）代码第 15 行通过调用 search()函数在字符串 www. baidu. com 中匹配 w、a、i 中的任意一个字符,结果为< re. Match object；span=(0,1),match='w'>,说明匹配了字符 w。

（16）代码第 16 行通过调用 search()函数在字符串 www. baidu. com 中匹配 w、a、i 之外的任意字符,结果为< re. Match object；span=(3,4),match='. '>,说明匹配了字符. 。

（17）代码第 17 行通过调用 search()函数在字符串 www. baidu. com 中匹配[www]或[com]中的任意字符,结果为< re. Match object；span=(0,1),match='w'>,说明匹配了字符 w。

（18）代码第 18 行通过调用 search()函数在字符串 www. baidu. com 中匹配分组(www)并保存匹配的子字符串 www,结果为< re. Match object；span=(0,3),match='www'>,说明匹配成功。

（19）代码第 19 行通过调用 search()函数在字符串 www. baidu. com 中匹配分组(www)并丢弃匹配的子字符串,结果为< re. Match object；span=(0,3),match='www'>,说明匹配成功。

（20）代码第 20 行通过调用 search()函数在字符串 www. baidu. com 中匹配分组(www)并创建分组名 Domain,结果为< re. Match object；span=(0,3),match='www'>,说明匹配成功。

（21）代码第 21 行通过调用 search()函数在字符串 www. baidu. com 中匹配括号中的字符(.),匹配成功后才匹配前面的表达式 www,结果为< re. Match object；span=(0,3),match='www'>,说明匹配成功,这里\. 表示字符"."而不是正则表达式中任意匹配的模式"."。

(22) 代码第 22 行通过调用 search() 函数在字符串 www.baidu.com 中匹配括号中的字符(.)，如果不匹配才去匹配前面的表达式 www，结果为 None，说明前面匹配到了字符"."。

(23) 代码第 23 行通过调用 search() 函数在字符串 www.baidu.com 中匹配括号中的字符串 http，如果不匹配才去匹配前面的表达式 www，结果为< re. Match object；span＝(0,3)，match＝'www'>，说明前面没有匹配到 http，所以后面去匹配 www，匹配成功。

(24) 代码第 24 行通过调用 search() 函数在字符串 www.baidu.com 中去匹配.baidu 前面的值 www，匹配成功，然后再去匹配.baidu，结果为< re. Match object；span＝(3,9)，match＝'.baidu'>，说明匹配成功。

(25) 代码第 25 行通过调用 search() 函数在字符串 www.baidu.com 中去匹配.baidu 前面的值 www，匹配成功，则不再去匹配.baidu，结果为 None。

(26) 代码第 26 行通过调用 search() 函数在字符串 www.baidu.com 中去匹配.baidu 前面的值 http，匹配不成功，则再去匹配.baidu，结果为< re. Match object；span＝(3,9)，match＝'.baidu'>，说明匹配成功。

在正则表达式中，标准字符转义序列(如\n 和\t)被认为是标准字符，例如 r"\n＋"可以和 1 个或多个换行字符匹配。此外，要在正则表达式中指定通常拥有特殊含义的文字符号，可以在它们前面加上反斜杠。例如，r"\ ＊"与字符 ＊ 匹配。此外，还有许多反斜杠序列与特殊的字符集对应。

下面我们将调用 re 模块中的 search() 函数和 sub() 函数对表 7-2 中正则表达式匹配的特殊字符进行举例说明。sub() 函数的语法为 sub(pattern,repl,string,count)，其中，pattern 是匹配的正则表达式，repl 是替换的字符串，下例中我们用\number 组编号表示，string 是要匹配的字符串，count 是模式匹配后替换的最大次数，默认为 0，表示替换所有的匹配。

表 7-2 正则表达式匹配的特殊字符

| 字 符 | 描 述 |
|---|---|
| \number | 匹配与前面的组编号匹配的文本。组编号范围为 1 到 99，从左侧开始 |
| \A | 仅匹配字符串的开始标志 |
| \b | 匹配单词开始或结尾处的空字符串。单词(word)是一个字母数字混合的字符序列，以空格或任何其他非字母数字字符结束 |
| \B | 匹配不在单词开始或结尾处的空字符串 |
| \d | 匹配任何十进制数。等同于 r"[0-9]" |
| \D | 匹配任何非数字字符。等同于 r"[^0-9]" |
| \s | 匹配任何空格字符。等同于 r"[\t\n\r\f\v]" |
| \S | 匹配任何非空格字符。等同于 r"[^\t\n\r\f\v]" |
| \w | 匹配任何字母数字字符 |
| \W | 匹配\w 定义的集合中不包含的字符 |
| \Z | 仅匹配字符串的结束标志 |
| \\ | 匹配反斜杠本身 |

【代码 7-2】 正则表达式匹配的特殊字符示例。

```
1    import re
2    print(re.search("\A","  www0k 9i81  "))
```

```
3    print(re.search(r"\bwww0k 9i81\b","  www0k 9i81   "))
4    print(re.search("\B","  www0k 9i81   "))
5    print(re.search("\d\d","  www0k 9i81   "))
6    print(re.search("\D\D\D","  www0k 9i81   "))
7    print(re.search("\s","  www0k 9i81   "))
8    print(re.search("\S","  www0k 9i81   "))
9    print(re.search("\w\w\w\w\w","  www0k 9i81   "))
10   print(re.search("\W",".www0k.9i81"))
11   print(re.search("\Z","  www0k 9i81   "))
12   print(re.sub(r"(\d)(\d)(\d)",r"\2\3\1","875"))
```

**代码说明：**

(1) 代码第 2 行通过调用 search()函数在字符串"  www0k 9i81   "中匹配开始标志,结果为< re. Match object；span＝(0,0),match＝''>,说明开始标志为空字符串。

(2) 代码第 3 行通过调用 search()函数在字符串"  www0k 9i81   "中匹配前后都为空字符串的字符串 www0k 9i81,结果为< re. Match object；span＝(3,13),match＝'www0k 9i81'>,说明匹配成功,在正则表达式前面加了 r,表示是原始字符串,如果不加 r,Python 会把\b 转换为回退字符,代码报错。

(3) 代码第 4 行通过调用 search()函数在字符串"  www0k 9i81   "中匹配不在单词开始或结尾处的空字符串,结果为< re. Match object；span＝(0,0),match＝''>,返回的是除了开始或结尾处的空字符串。

(4) 代码第 5 行通过调用 search()函数在字符串"  www0k 9i81   "中匹配连续的两个数字,结果为< re. Match object；span＝(11,13),match＝'81'>,说明匹配成功。

(5) 代码第 6 行通过调用 search()函数在字符串"  www0k 9i81   "中匹配连续的三个非数字字符,结果为< re. Match object；span＝(0,3),match＝'   '>,匹配到字符串前面的三个空格字符。

(6) 代码第 7 行通过调用 search()函数在字符串"  www0k 9i81   "中匹配任何空格字符,结果为< re. Match object；span＝(0,1),match＝' '>,说明匹配成功。

(7) 代码第 8 行通过调用 search()函数在字符串"  www0k 9i81   "中匹配任何非空格字符,结果为< re. Match object；span＝(3,4),match＝'w'>,说明匹配了第一个 w 字符。

(8) 代码第 9 行通过调用 search()函数在字符串"  www0k 9i81   "中匹配连续五个字母数字字符,结果为< re. Match object；span＝(3,8),match＝'www0k'>,说明匹配成功。

(9) 代码第 10 行通过调用 search()函数在字符串".www0k.9i81   "中匹配除了字母数字以外的字符,结果为< re. Match object；span＝(0,1),match＝'.'>,说明匹配的是第一个"."字符。

(10) 代码第 11 行通过调用 search()函数在字符串"  www0k 9i81   "中匹配字符串的结束标志,结果为< re. Match object；span＝(15,15),match＝''>,说明结束标志为空字符串。

(11) 代码第 12 行通过调用 sub()函数把字符串 875 按照第 2 第 3 第 1 分组(各个分组为数字)的顺序替换,结果为 758。

### 7.1.3 re 模块的函数

**1. compile()函数**

compile()函数根据一个模式字符串和可选的标志参数生成一个正则表达式对象。该对象拥有一系列方法用于正则表达式匹配和替换。

compile()函数的语法如下：

```
compile(pattern[,flags])
```

其中，pattern 为正则表达式的模式，flags 是匹配模式，是 flags 中的标志按 OR 运算的结果，见表 7-3。

表 7-3　flags 中的标志

| 标　　志 | 描　　述 |
| --- | --- |
| A 或 ASCII | 执行仅 8 位 ASCII 字符匹配(仅适用于 Python 3) |
| I 或 IGNORECASE | 执行不区分大小写的匹配 |
| L 或 LOCALE | 为\w、\W、\b 和\B 使用地区设置 |
| M 或 MULTILINE | 将^和 $ 应用于包括整个字符串的开始和结尾的每一行(在正常情况下，^和 $ 仅适用于整个字符串的开始和结尾) |
| S 或 DOTALL | 使用(.)字符匹配所有字符，包括换行符 |
| U 或 UNICODE | 使用\w、\W、\b 和\B 在 Unicode 字符属性数据库中的信息(仅限于 Python 2。Python 3 默认使用 Unicode) |
| X 或 VERBOSE | 忽略模式字符串中未转义的空格和注释 |

【代码 7-3】　compile()函数。

```
1    import re
2    pattern1  =re.compile(r"""
3    \d+                 # 整数部分
4    .                   # 小数点
5    \d*                 # 小数部分
6    """,re.X)           # 忽略空白,除非进行转义的不被忽略。
7    text="abc12.3efg"
8    print(pattern1.findall(text))
```

代码说明：

(1) 代码第 2 行通过调用 compile()函数生成正则表达式对象 pattern1。

(2) 代码第 3 行表示匹配 1 或多个数字。

(3) 代码第 4 行表示匹配小数点"."。

(4) 代码第 5 行表示匹配 0 个或多个数字。

(5) 代码第 6 行的 re.X 表示忽略模式字符串中未转义的空格和注释。

(6) 代码第 8 行正则表达式对象 pattern1 调用 findall()函数在字符串 text 中匹配，结果为['12.3']。

2. match()函数

match()函数用于尝试从字符串的起始位置匹配一个模式，如果不是在起始位置匹配成功，则返回 None。

match()函数的语法如下：

```
match(pattern,string,flags=0)
```

pattern 是正则表达式；string 是要匹配的字符串；flags 是标志位，用于控制正则表达式的匹配方式，具体见表 7-3。

**【代码 7-4】** match()函数。

```
1    import re
2    print(re.match("www","www.website.com").span())        # 在起始位置匹配
3    print(re.match("com","www.website.com"))               # 不在起始位置匹配,如果不
4    # 在起始位置匹配成功,则返回 None
```

**代码说明：**

（1）代码第 2 行通过调用 match()函数从字符串 www. website. com 中的起始位置匹配正则表达式 www，结果为(0，3)，表示正则表达式在字符串中的起始和结束位置。

（2）代码第 3 行通过调用 match()函数从字符串 www. website. com 中非起始位置匹配正则表达式 com，虽然在非起始位置可以匹配成功，但因为不在起始位置匹配成功，所以结果还是返回 None。

match()函数与 groups()或 group(num)可以结合起来使用。groups()函数会返回一个包含所有分组匹配字符串的元组，从 1 到所含的分组号。group(num)函数可以一次输入多个分组号，将返回一个元组，该元组包含指定分组号的匹配字符串。

**【代码 7-5】** match()函数结合 groups()或 group()。

代码 7-5

```
1    import re
2    line="我 love 北京天安门,我 love 中国!"
3    mObj=re.match(r"love",line,re.M|re.I)        # 多行匹配或不区分大小写
4    # 如果不在起始位置匹配成功,则返回 None
5    if mObj:
6        print("mObj.groups():",mObj.group())
7    else:
8        print("找不到")
9    line="我 love 北京天安门,我 love 中国!"
10   mObj=re.match(r'(.* ?)love(.* )',line,re.M|re.I)        # 正则表达式分成两组
11   if mObj:
12       print("mObj.groups():",mObj.groups())   # 返回所有组(各个分组)匹配的字符串元组
13       print("mObj.group():",mObj.group())      # 返回匹配的整个表达式(两个分组)的字符串
14       print("mObj.group(0):",mObj.group(0))
15       print("mObj.group(1):",mObj.group(1))    # 返回第一组表达式匹配的字# 符串
16       print("mObj.group(2):",mObj.group(2))    # 返回第二组表达式匹配的字# 符串
17   else:
18       print("找不到")
```

**代码说明：**

（1）代码第 3 行通过调用 match()函数从字符串 line 中匹配正则表达式 love，flags 标志的含义是在匹配时进行多行匹配或不区分大小写，由于 love 没有在 line 的起始位置匹配成功，所以返回 None，结果输出"找不到"。

（2）代码第 10 行通过调用 match()函数从字符串 line 中匹配正则表达式(.＊?)love(.＊)，在字符串 love 前后各有一个分组，结果匹配成功。

（3）代码第 12 行返回包含所有分组匹配字符串的元组，结果为('我'，'北京天安门,我 love 中国!')。

（4）代码第 13 行返回匹配的整个表达式,结果为"我 love 北京天安门,我 love 中国!"。

（5）代码第 14 行的效果与第 14 行一样,结果为"我 love 北京天安门,我 love 中国!"。

（6）代码第 15 行返回第一个分组匹配的字符串,结果为"我"。

（7）代码第 16 行返回第二个分组匹配的字符串,结果为"北京天安门,我 love 中国!"。

### 3. search()函数

search()函数用于在字符串中搜索正则表达式的第一个匹配值。如匹配成功则返回一个匹配的对象,否则返回 None。

search()函数的语法如下:

```
search(pattern,string,flags=0)
```

其中,pattern 是正则表达式,string 是要匹配的字符串,flags 是标志位。

**【代码 7-6】** search()函数。

```
1    import re
2    print(re.search("www","www.website.com").span())
3    print(re.search("com","www.website.com").span())
```

**代码说明:**

（1）代码第 2 行通过调用 search()函数从字符串 www. website. com 的起始位置匹配正则表达式 www,结果为(0,3),表示正则表达式在字符串中的起始和结束位置。

（2）代码第 3 行通过调用 search()函数从字符串 www. website. com 的非起始位置匹配正则表达式 com,结果为(12,15),这与 match()函数不同。

与 match()函数类似,也可以把 search()函数与函数 groups()或 group(num)结合起来使用。

**【代码 7-7】** search()函数结合函数 groups()或 group()。

```
1    import re
2    line="我 love 北京天安门,我 love 中国!"
3    mObj=re.search(r"love",line,re.M|re.I)
4    if mObj:
5        print("mObj.groups():",mObj.group())
6    else:
7        print("找不到")
8
9    line="我 love 北京天安门,我 love 中国!"
10   mObj=re.search(r'(.* ?)love(.* )',line,re.M|re.I)        # 正则表达式分成两组
11   if mObj:
12       print("mObj.groups():",mObj.groups())              # 返回所有组匹配的字符串元组
13       print("mObj.group():",mObj.group())                # 返回匹配的整个表达式的字符串
14       print("mObj.group(0):",mObj.group(0))
15       print("mObj.group(1):",mObj.group(1))              # 返回第一组表达式匹配的字符串
16       print("mObj.group(2):",mObj.group(2))              # 返回第二组表达式匹配的字 # 符串
17   else:
18       print("找不到")
```

**代码说明:**

（1）代码第 3 行通过调用 search()函数从字符串 line 中匹配正则表达式 love,因为能够匹配到,所以第 5 行输出该匹配的分组 love。

（2）代码第 10 行通过调用 search()函数从字符串 line 中匹配正则表达式(. * ?)love(. * )，在字符串 love 前后各有一个分组，匹配成功。

（3）代码第 12 行返回包含所有分组匹配字符串的元组，结果为：('我'，'北京天安门，我 love 中国！')。

（4）代码第 13 行返回匹配的整个表达式，结果为："我 love 北京天安门，我 love 中国！"。

（5）代码第 14 行的效果与第 13 行一样，结果为："我 love 北京天安门，我 love 中国！"。

（6）代码第 15 行返回第一个分组匹配的字符串，结果为："我"。

（7）代码第 16 行返回第二个分组匹配的字符串，结果为："北京天安门，我 love 中国！"。

### 4. findall()函数

findall()函数用于返回字符串中所有与正则表达式相匹配的字符串，返回形式为列表。

findall()函数的语法如下：

```
findall(pattern,string,flags=0)
```

其中，pattern 是正则表达式，string 是要匹配的字符串，flags 是标志位。

【代码 7-8】　findall()函数。

```
1    import re
2    re1=re.findall(r"docs","https://docs.python.org/3/test/test123.html")
3    print(re1)
4    re2=re.findall(r"^https","https://docs.python.org/3/test/test123.html")
5    # 匹配以 https 开头的字符串
6    print(re2)
7    re3=re.findall(r"html$ ","https://docs.python.org/3/test/test123.html")
8    # 匹配以 html 结尾的字符串
9    print(re3)
10   re4=re.findall(r"[t,w]h","https://docs.python.org/3/test/test123.html")
11   # 匹配[]中的一个字符
12   print(re4)
13   re5=re.findall(r"\d","https://docs.python.org/3/test/test123.html")
14   # 匹配数字
15   re6=re.findall(r"\d\d\d","https://docs.python.org/3/test/test123.html/1234")
16   print(re5)
17   print(re6)
18   re7=re.findall(r"\D","https://docs.python.org/3/test/test123.html")
19   # 匹配除数字以外的字符
20   print(re7)
21   re8=re.findall(r"\w","https://docs.python.org/3/test/test123.html")
22   # 匹配 a～z,A～Z,0～9 之间的字符
23   print(re8)
24   re9=re.findall(r"\W","https://docs.python.org/3/test/test123.html")
25   # 匹配除 a～z,A～Z,0～9 之外的字符
26   print(re9)
27   phone="1*5*8*1*0*3*3*6*1*1*0"
28   ans=re.findall("\d+ ",phone)
29   for i in ans:
30       print(i,end="")
```

**代码说明:**

(1) 代码第 2 行通过调用 findall()函数从字符串中匹配正则表达式 docs,匹配成功,结果为:['docs']。

(2) 代码第 4 行通过调用 findall()函数从字符串中匹配以 https 开头的字符串,匹配成功,结果为:['https']。

(3) 代码第 7 行通过调用 findall()函数从字符串中匹配以 html 结尾的字符串,匹配成功,结果为:['html']。

(4) 代码第 10 行通过调用 findall()函数从字符串中匹配 t 或 w 中的任一字符并且后面紧跟字符 h,匹配成功,结果为:['th']。

(5) 代码第 12 行通过调用 findall()函数从字符串中匹配所有数字,匹配成功,结果为:['3','1','2','3']。

(6) 代码第 13 行通过调用 findall()函数从字符串中匹配所有的三个连续的数字,匹配成功,结果为:['123','123']。

(7) 代码第 16 行通过调用 findall()函数从字符串中匹配所有的除了数字以外的字符,匹配成功,结果为:['h', 't', 't', 'p', 's', ':', '/', '/', 'd', 'o', 'c', 's', '.', 'p', 'y', 't', 'h', 'o', 'n', '.', 'o', 'r', 'g', '/', '/', 't', 'e', 's', 't', '/', 't', 'e', 's', 't', '.', 'h', 't', 'm', 'l']。

(8) 代码第 18 行通过调用 findall()函数从字符串中匹配所有的字母数字字符,匹配成功,结果为:['h', 't', 't', 'p', 's', 'd', 'o', 'c', 's', 'p', 'y', 't', 'h', 'o', 'n', 'o', 'r', 'g', '3', 't', 'e', 's', 't', 't', 'e', 's', 't', '1', '2', '3', 'h', 't', 'm', 'l']。

(9) 代码第 21 行通过调用 findall()函数从字符串中匹配所有的除字母数字以外的字符,匹配成功,结果为:[':', '/', '/', '.', '.', '/', '/', '/', '.']。

(10) 代码第 25 行通过调用 findall()函数从字符串 phone 中匹配 1 个或多个数字,匹配成功,则代码第 26 行和第 27 行在一行内逐个打印这些数字,结果为:" 15810336110"。

### 5. sub()函数

sub()函数用于替换字符串中的匹配项。

sub()函数的语法如下:

```
sub(pattern, repl, string, count=0)
```

参数说明如下。

(1) pattern 是正则表达式。

(2) repl 是替换的字符串也可以是个函数。

(3) string 是要匹配的字符串。

(4) count 是模式匹配后替换的最大次数,默认为 0,表示替换所有的匹配。

sub()函数的作用是在字符串 string 中匹配正则表达式 pattern,如果匹配成功,则把匹配到的字符串用 repl 替换,替换次数根据 count 而定。

**【代码 7-9】** sub()函数。

```
1    import re
2    phone="0577-8668-1001"              # 这是一个电话号码
```

```
3     num=re.sub(r"# .* $ ","",phone)
4     print("电话号码：",num)
5     num=re.sub(r"\D","",phone)
6     print("电话号码：",num)
7
8     def double(matched):
9         print(matched.group("value"))
10        value=int(matched.group("value"))
11        return str(value* 2)
12    s="A23G4HFD567"
13    # ? P<value>命名名字为 value 的组
14    print(re.sub("(? P<value>\d+ )",double,s))
```

**代码说明：**

（1）代码第 3 行通过调用 sub( )函数从字符串 phone 中匹配♯后跟 0 个或多个任意字符的字符串结尾的正则表达式，如果匹配成功，则用空字符串替换这个正则表达式，匹配成功，故替换后的结果为："0577-8668-1001"。

（2）代码第 5 行通过调用 sub( )函数从字符串 phone 中匹配所有非数字字符，如果匹配成功，则用空字符串替换这些非数字字符，匹配成功，故替换后的结果为："057786681001"。

（3）代码第 8 行到第 11 行定义了一个函数 double，它把参数字符串 matched 中的分组以 value 来命名，然后把匹配到的分组转换为整数，并返回该整数 ∗ 2 的值。

（4）代码第 14 行，通过调用 sub( )函数从字符 s 中匹配以 value 命名并由 1 个或多个数字组成的分组，匹配成功后，调用 double 函数，并用它的返回值替换匹配到的分组的值，结果为："A46G8HFD1134"。

# 任务7.2   掌握 urllib 库

**【任务描述】**

目前国内具有多个依据不同指标对国内大学进行排名的榜单。这些榜单在一定程度上反映了国内大学的层次和水平，为高考学生填报志愿提供了一定的参考。本章应用正则表达式、urllib 库爬取软科中国大学排名网站 2022 年排名 Top 10 的大学。

**【任务分析】**

（1）了解 urllib 库。

（2）掌握 urllib 库中的方法。

（3）运用 urllib 库中的方法获取网页内容。

## 7.2.1   urllib 库概述

urllib 库是 Python 自带的标准库，无须安装，可以直接使用。

网络爬虫的第一个步骤是获取网页内容，urllib 库就是用来实现这个功能的函数库，它的基本步骤是：①向服务器发送请求；②得到服务器响应；③获取网页内容。

通过调用 urllib 库，我们不需要了解请求的数据结构和 HTTP、TCP、IP 层的网络传输通信以及服务器应答原理等。我们只需在 urllib 库的方法中给定三个参数，即请求的 URL、传递的参数、可选的请求头，就能够获取我们想要的网页内容。

urllib 库有以下四个模块。

（1）request：HTTP 请求模块。用来模拟发送请求，只需要传入 URL 及额外的参数，就可以模拟浏览器访问网页的过程。

（2）error：异常处理模块。检测请求是否报错，捕捉异常错误，进行重试或其他操作，保证程序不会终止。

（3）parse：工具模块。提供许多 URL 处理方法，如拆分、解析、合并等。

（4）robotparser：识别网站的 robots.txt 文件。判断哪些网站可以爬取，哪些网站不可以爬取，使用频率较少。

下面的章节将重点介绍 request 模块中的常用方法。

## 7.2.2 request 模块中的常用方法

### 1. urlopen()方法

urlopen()是 request 模块中的方法，用于获取网页内容。

urlopen()方法的语法如下：

```
urllib.request.urlopen(url[,data][,timeout])
```

参数说明如下。

（1）url 是需要获取网页内容的网站 URL。

（2）data 是发送请求时的附加数据，必须是 bytes 类型；timeout 是等待响应的超时时间。

**【代码 7-10】** urlopen 方法。

```
1    import urllib.request
2    response=urllib.request.urlopen("https://www.baidu.com")
3    print(response.read().decode("utf- 8"))
4    print(type(response))
5    print(response.status,"\n")
6    print(response.getheaders(),"\n")
7    print(response.getheader("Server"),"\n")
```

**代码说明：**

（1）代码第 1 行导入 urllib 库中的 request 模块。

（2）代码第 2 行通过调用 request 模块中的 urlopen()方法获取百度主页的响应结果，在这里 urlopen()方法只有一个参数，指定的是需要获取网页内容的网站 URL。

（3）代码第 3 行对响应结果使用 read()方法进行读取，并使用 decode()方法解码成 utf-8 格式，返回的内容是百度的网页 html 源代码，如图 7-1 所示。

（4）代码第 4 行通过调用 type()函数返回响应的类型，它是一个 HTTPResponse 对象，包含 read()、readinto()、getheader()、getheaders()、fileno()等方法，并包含 msg、version、status、reason、debuglevel、closed 等属性。

（5）代码第 5 行调用 status 属性获取响应结果的状态码，200 表示请求成功，404 表示网页未找到等，该行代码返回 200。

（6）代码第 6 行调用 getheaders()方法返回响应的头信息。

（7）代码第 7 行调用 getheader()方法并传递参数 Server，获取响应头信息中 Server 对

```
<html>
<head>
<script>
location.replace(location.href.replace("https://","http://"));
</script>
</head>
<body>
<noscript><meta http-equiv="refresh" content="0;url=http://www.baidu.com/"></noscript>
</body>
</html>
```

图 7-1　urlopen()返回的网页内容

应的值。

2. Request()方法

我们讲解了如何利用 urlopen()方法来实现最基本的请求发起，但 urlopen()方法的几个参数不足以构建完整的请求。如果请求中需要加入 Headers 等信息，就需要用到 Request()方法。

Request()方法的语法如下：

```
urllib.request.Request(url[,data][,headers][,origin_req_host][,unverifiable])
```

参数说明如下。

(1) url 是需要获取网页内容的网站 URL。

(2) data 是发送请求时的附加数据，必须是 bytes 类型。

(3) headers 是一个字典，它就是请求头。

(4) origin_req_host 是请求方的 host 名称或 IP 地址。

(5) unverifiable 表示这个请求是否无法验证，默认为 False，意思是用户有足够权限来选择接收这个请求的结果。

**【代码 7-11】** Request()方法。

```
1   import urllib.request,urllib.parse
2   url="http://httpbin.org/post"
3   headers={
4       "User-Agent":
5       "Mozilla/5.0 (Windows NT 10.0; WOW64) AppleWebKit/537.36 (KHTML, like Gecko) Chr
6       ome/65.0.3314.0 Safari/537.36 SE 2.X MetaSr 1.0",
7       "Host":"httpbin.org"
8   }
9   dict={'name':'Germey'}
10  data=bytes(urllib.parse.urlencode(dict),encoding= 'utf-8')
11  req=urllib.request.Request(url= url,data= data,headers= headers,method= 'POST')
12  response=urllib.request.urlopen(req)
13  print(response.read().decode('utf-8'))
```

**代码说明：**

(1) 代码第 3 行到第 8 行定义了 headers 的值，它是一个字典类型。

（2）代码第 10 行通过调用 parse 模块中的 urlencode() 方法把字典 dict 的内容编码成 uft-8 格式，并使用 bytes() 方法把它转换成 bytes 类型。

（3）代码第 11 行通过调用 Request() 方法向网址为 url 的网站发送请求。

（4）代码第 12 行通过调用 urlopen() 方法获取网站的响应结果。

（5）代码第 13 行对响应结果使用 read() 方法进行读取，并使用 decode() 方法解码成 utf-8 格式，返回网页内容。

### 7.2.3 任务实现

网络爬虫的步骤分为两步：第一步，通过网站的 URL 获取网页内容；第二步，对获取的网页内容进行处理。

具体的步骤为：第一步，使用 urllib 库的 request 模块中的方法获取指定 URL 的网页内容；第二步，使用 re 模块中的方法在获取的网页内容中匹配相应的模式实现网络爬虫。

我们爬取的软科中国大学排名网站的网页如图 7-2 所示。

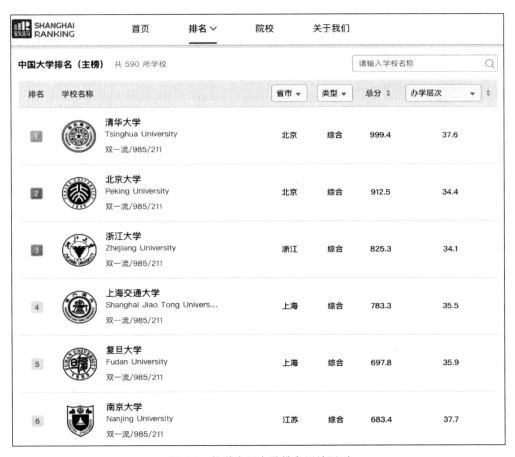

图 7-2　软科中国大学排名网站网页

注：该数据为 2022 年软科中国大学排名网站的数据，仅供参考。

软科中国大学排名网站的部分 html 源代码如图 7-3 所示。

【代码 7-12】　爬取国内大学排名 Top 10 数据

```
1    import urllib.request
```

```
▼<tr data-v-3fe7d390>
    ▼<td data-v-3fe7d390 class> == $0
        <div class="ranking top1" data-v-3fe7d390> 1 </div> (flex)
    </td>
    ▼<td class="align-left" data-v-3fe7d390>
        ▼<div class="univname-container" data-v-3fe7d390> (flex)
            ▶<div class="logo" data-v-3fe7d390>…</div>
            ▼<div class="univname" data-v-3fe7d390> (flex)
                ▼<div data-v-b80b4d60 data-v-3fe7d390>
                    ▼<div class="tooltip" data-v-b80b4d60>
                        ▼<div class="link-container" data-v-b80b4d60> (flex)
                            <a href="/institution/tsinghua-university" class="name-cn" data-v-b80b4d60>清华大学 </a>
                            ▶<div class="collection" style="display:none" data-v-b80b4d60>…</div>
                        </div>
                        <!---->
                    </div>
                </div>
                ▶<div data-v-f9104fdc data-v-3fe7d390>…</div>
                <p class="tags" data-v-3fe7d390>双一流/985/211</p>
                <!---->
                <!---->
                <!---->
            </div>
        </div>
    </td>
    ▼<td data-v-3fe7d390 class>
        " 北京 "
        <!---->
    </td>
    ▼<td data-v-3fe7d390 class>
        " 综合 "
        <!---->
    </td>
    <td data-v-3fe7d390 class> 999.4 </td>
    <td data-v-3fe7d390 class> 37.6 </td>
```

图 7-3　网页的部分 html 源代码

```
2    import re
3    # 获取指定 url 的源码信息
4    def getHTMLText(url):
5        try:
6            response=urllib.request.urlopen(url, timeout=30)
7            html=response.read().decode('utf-8')
8            return html
9        except:
10           return "access the web error!"
11       return ""
12   # 根据具体结构匹配需要的排名信息，最终以列表的形式返回
13   def fullTextToSchoolList(html):
14       # 正则匹配所有学校名称
15       expr='<tr.*?><td.*?><div.*?>(.*?)</div></td><td.*?' \
16           '<a.*?>(.*?)</a>.*?</td><td.*?>(.*?)<!----></td>' \
17           '<td.*?>(.*?)<!----></td><td.*?>(.*?)</td>' \
18           '<td.*?>(.*?)</td></tr>'
19       # 匹配排名信息
20       reg=re.compile(expr,re.S)
21       urank=re.findall(reg,html)
22       return urank
23   # 格式化输出结果
24   def printSchoolList(ulist,num):
```

```
25      print("{:^9}\t{:^10}\t{:^10}\t{:^10}\t{:^6}
26              \t{:^6}".format("排名","学校名称","省市","类型",
27              "总分","其他"))
28  print('==========================================
29          ==========================')
30  for i in range(num):
31      u =ulist[i]
32      print("{:^9}\t{:^10}\t{:^10}\t{:^10}\t{:^6}
33              \t{:^6}".format(u[0].strip(),u[1].strip(),u[2].strip()
34              ,u[3].strip(),u[4].strip(),u[5].strip()))
35  # main()函数
36  def main():
37      url='https://www.shanghairanking.cn/rankings/bcur/2022'
38      html=getHTMLText(url)
39      ulist=fullTextToSchoolList(html)
40      printSchoolList(ulist,10)
41  # 执行 main()函数
42  if __name__=='__main__':
43      main()
```

**代码说明：**

（1）代码第 4～11 行定义了从指定 url 获取网页内容的函数 getHTMLText()。它首先通过调用 urllib 库的 request 模块中 urlopen()方法向指定 url 发送请求并获取响应结果,再对响应结果进行读取和解码获得网页的 html 源代码。

（2）代码第 13～22 行定义了从网页的 html 源代码爬取国内大学排名 Top 10 的函数 fullTextToSchoolList()。

（3）代码第 15 行定义了正则表达式 expr 表示大学排名表中每行数据对应的字符串。

（4）代码第 20 行通过调用 re 模块的 compile()方法以点任意匹配模式把正则表达式 expr 编译成正则表达式对象 reg。

（5）代码第 21 行通过调用 re 模块的 findall()方法从网页的 html 源代码中获得与正则表达式对象 reg 匹配的数据(排名、学校名称、省市、类型、总分、其他分数)。

（6）代码第 24～34 行定义了打印国内大学排名前 num 数据的函数 printSchoolList()。

（7）最后在 main()函数中指定网站的 url,然后调用之前定义的方法向指定 url 发送请求,获取网页的 html 源代码,对国内大学排名 Top 10 的数据进行爬取,最后输出。

输出的结果如图 7-4 所示。

| 排名 | 学校名称 | 省市 | 类型 | 总分 | 其他 |
|---|---|---|---|---|---|
| 1 | 清华大学 | 北京 | 综合 | 999.4 | 37.6 |
| 2 | 北京大学 | 北京 | 综合 | 912.5 | 34.4 |
| 3 | 浙江大学 | 浙江 | 综合 | 825.3 | 34.1 |
| 4 | 上海交通大学 | 上海 | 综合 | 783.3 | 35.5 |
| 5 | 复旦大学 | 上海 | 综合 | 697.8 | 35.9 |
| 6 | 南京大学 | 江苏 | 综合 | 683.4 | 37.7 |
| 7 | 中国科学技术大学 | 安徽 | 理工 | 609.9 | 40.0 |
| 8 | 华中科技大学 | 湖北 | 综合 | 609.3 | 32.3 |
| 9 | 武汉大学 | 湖北 | 综合 | 607.1 | 32.8 |
| 10 | 西安交通大学 | 陕西 | 综合 | 570.2 | 34.2 |

图 7-4　国内大学排名 Top10 的数据

# 小　结

本章以爬取软科中国大学排名 Top 10 的任务为主线,介绍了完成任务所需要的正则表达式的概念、正则表达式的模式语法、re 模块中常用的函数,以及 urllib 库和其中的 request 模块下的 urlopen(),最后给出了网络爬虫的步骤,并运用之前介绍的 urllib 库和正则表达式的知识完成了任务实现。

# 习　题

1. 验证 E-mail 地址是否合格,验证规则如下:

（1）E-mail 的用户名可以由字母、数字、"_"组成(开头不能使用"_");

（2）E-mail 的域名可以是由字母、数字、"_"和"－"所组成;

（3）域名的后缀必须是. cn、. com、. net、. com. cn、. gov。

2. 爬取网站"https://www. shanghairanking. cn/"上 Top 10 的中国大学排名信息。

# 第 8 章

# 数据分析基础和数据可视化

## Chapter 8

【学习目标】

（1）了解 Numpy 库。

（2）掌握 Numpy 数组对象创建及常用统计方法。

（3）了解 pandas 库。

（4）掌握 pandas 数组对象创建及常用统计方法。

（5）学会使用 Matplotlib 库绘制图形。

（6）掌握数据分析简单原理。

近些年，随着网络信息技术与云计算技术的快速发展，网络数据得到了爆发性的增长，人们每天都生活在庞大的数据群体中，这一切标志着人们进入了大数据时代。在大数据环境的作用下，如何能够从数据里面发现并挖掘有价值的信息变得愈发重要，数据分析技术由此应运而生。数据分析可以通过使用统计分析法对收集来的大量数据进行分析，将它们加以汇总和处理，以求最大化地发挥数据的作用。接下来简单介绍一些数据分析和数据可视化的基本知识。

## 任务 8.1 Numpy 库

【任务描述】

Python 提供了一个 array 模块，但该模块不支持多维运算，也缺乏各种运算函数，因此不适合做大量数据的数值运算。Numpy 库的诞生弥补了这些不足，它提供了一种存储单一数据类型的多维数组 ndarray，学习 ndarray 的创建及通用函数的基本使用方法，可以完成数据基础的科学计算。

【任务分析】

（1）理解 Numpy 库的作用。

（2）掌握 ndarray 对象的属性及创建方法。

（3）掌握 ndarray 对象的基本操作。

### 8.1.1 Numpy 库概述

Numpy（Numerical Python）是 Python 的一个第三方库，需要安装后才能使用。

1. Numpy 库安装

在命令行窗口使用 pip 安装 Numpy 库，其命令如下：

```
pip install numpy
```

### 2. Numpy 的基本特性

Numpy 库支持多维数组和矩阵运算,针对数组运算提供了各种函数,可以非常方便、灵活的操作数组。Numpy 库最重要的一个特点就是 $N$ 维数组对象,即 ndarray(别名 array)对象,该对象用来生成一个数组对象。

ndarray 对象中定义了一些重要的属性,具体见表 8-1。

表 8-1　ndarray 对象常用属性

| 属　　性 | 具　体　说　明 |
| --- | --- |
| ndarray.ndim | 维度个数,也就是数组轴的个数,比如一维、二维、三维等 |
| ndarray.shape | 数组的维度,这是一个整数的元组,表示每个维度上数组的大小。例如,一个 $n$ 行 $m$ 列的数组,它的 shape 属性为(n,m) |
| ndarray.size | 数组元素的总个数,等于 shape 属性中元组元素的乘积 |
| ndarray.dtype | 描述数组中元素类型的对象,既可以使用标准的 Python 类型创建或指定,也可以使用 Numpy 特有的数据类型来指定,比如 numpy.int32,numpy.float64 等 |
| ndarray.itemsize | 数组中每个元素的字节大小。比如,元素类型为 float64 的数组有 8(64/8)个字节,这相当于 ndarray.dtype.itemsize |

需要注意的是,ndarray 对象中存储元素的类型必须是相同的。

【代码 8-1】　ndarray 对象的使用。

```
1    import numpy as np
2    data=np.arange(12).reshape((3,4))
3    print(data)
4
5    print(data.ndim)
6    print(data.shape)
7    print(data.size)
8    print(data.dtype)
```

**代码说明:**

(1) 代码第 1 行导入 Numpy 库。

(2) 代码第 2 行创建一个 3 行 4 列的数组。

(3) 代码第 3 行打印数组 data。

(4) 代码第 5 行输出数组维度的个数,输出结果 2,表示二维数组。

(5) 代码第 6 行输出数组的维度,输出结果(3,4),表示 3 行 4 列。

(6) 代码第 7 行输出数组元素的个数,输出结果 12,表示总共有 12 个元素。

(7) 代码第 8 行输出数组元素的类型,输出结果 dtype('int32'),表示元素类型都是 int32。

运行结果如下:

```
array([[ 0, 1, 2, 3],
       [ 4, 5, 6, 7],
       [ 8, 9, 10, 11]])
  2
    (3,4)
```

```
12
dtype('int32')
```

## 8.1.2 创建 ndarray

创建 ndarray 对象的方式有若干种,其中最简单的方式就是使用 array() 函数,在调用该函数时传入一个 Python 现有的类型即可,比如列表、元组。

**【代码 8-2】** 使用 array() 函数创建 ndarray 对象。

```
1    import numpy as np                    # 导入 Numpy 库
2    data1=np.array([1,2,3])              # 创建一个一维数组
3    print(data1)
4    data2=np.array([[1,2,3],[4,5,6]])   # 创建一个二维数组
5    print(data2)
```

**代码说明:**

(1) 代码第 1 行导入 Numpy 库。

(2) 代码第 2 行创建一个一维数组。

(3) 代码第 3 行打印数组 data1。

(4) 代码第 4 行创建一个二维数组。

(5) 代码第 5 行输出打印数组 data2。

运行结果如下:

```
array([1, 2, 3]
array([[ 1, 2, 3],
       [ 4, 5, 6]])
```

除了可以使用 array() 函数创建 ndarray 对象外,还有其他创建方式。

**【代码 8-3】** 通过 zeros() 函数,创建元素值都是 0 的数组。

```
print(np.zeros((3,4)))
```

运行结果如下:

```
array([[ 0, 0, 0, 0],
       [ 0, 0, 0, 0],
       [ 0, 0, 0, 0]])
```

**【代码 8-4】** 通过 ones() 函数,创建元素值都是 1 的数组。

```
print(np.ones((3,4)))
```

运行结果如下:

```
array([[ 1, 1, 1, 1],
       [ 1, 1, 1, 1],
       [ 1, 1, 1, 1]])
```

**【代码 8-5】** 通过 empty() 函数,创建一个新的数组,该数组只分配在内存空间,里面的元素值是随机的,且数据类型默认为 float64。

```
print(np.empty((5,2)))
```

运行结果如下：

```
array([[              nan, 0.00000000e+000],
       [1.32372893e-311, 2.02369289e-320],
       [0.00000000e+000, 0.00000000e+000],
       [0.00000000e+000, 0.00000000e+000],
       [0.00000000e+000, 0.00000000e+000]])
```

【代码 8-6】　通过 arange( )函数，创建一个等差数组，它的功能类似于 range( )，只不过 arange( )函数返回的结果是数组，而不是列表。

```
print(np.arange(1,20,5) )
```

运行结果如下：

```
array([ 1,  6, 11, 16])
```

### 8.1.3　ndarray 的基本操作

ndarray 的基本操作包括加、减、乘、除运算，以及索引和切片、修改维度和常用的统计运算。

#### 1. 基本运算

【代码 8-7】　ndarray 数组加减乘除运算。

```
1    import numpy as np                              # 导入 Numpy 库
2    print(np.array([1,2,3])+ np.array([4,5,6]))     # 数组相加
3    print(np.array([1,2,3])- np.array([4,5,6]))     # 数组相减
4    print(np.array([1,2,3])* np.array([4,5,6]))     # 数组相乘
5    print(np.array([1,2,3])/np.array([4,5,6]))      # 数组相除
```

代码说明：在进行 ndarray 运算时，让两个数组对齐后，会让相同位置的元素相加减得到一个新的数组。

运行结果如下：

```
array([5, 7, 9])
array([-3, -3, -3])
array([4,10,18])
array([0.25,0.4,0.5])
```

#### 2. 索引和切片

【代码 8-8】　索引和切片示例。

ndarray 的索引和切片与序列的索引和切片类似。

```
1    import numpy as np              # 导入 Numpy 库
2    data=np.arange(12).reshape((4,3))
3    print(data)
4    print(data[1])                  # 获取索引为 1 的元素
5    print(data[0,1])                # 获取位于第 1 行第 2 列的元素
6    print(data[:2])                 # 传入一个切片
7    print(data[:2,0:2])             # 传入两个切片
```

```
8    print(data[1,:2])                    # 切片与整数索引混合使用
```

**代码说明：**

（1）代码第 1 行导入 Numpy 库。

（2）代码第 2 行创建一个随机的 4×3 二维数组。

（3）代码第 4 行打印数组 data 索引为 1 的一行。

（4）代码第 5 行打印数组 data 第 1 行第 2 列的元素。

（5）代码第 6 行打印数组 data 从索引 0 开始，向后 2 行元素。

（6）代码第 7 行打印数组 data 从索引 0 开始，向后 2 行，前两列元素。

（7）代码第 8 行打印数组 data 索引为 1 行的前两列元素。

运行结果如下：

```
array([[ 0,  1,  2],
       [ 3,  4,  5],
       [ 6,  7,  8],
       [ 9, 10, 11]])
array([ 3, 4, 5])
1
array([[ 0, 1, 2],
       [ 3, 4, 5]])
array([[ 0, 1],
       [ 3, 4]])
array([3,4])
```

**【代码 8-9】** 花式索引，将整数数组或列表作为索引，然后根据索引数组或索引列表的每个元素作为目标数组的下标取值。

```
1    print(data[[0,2]])                    # 列表作为索引
2    print(data[[1,2],[2,2]])              # 数组作为索引
```

运行结果如下：

```
array([[ 0,  1,  2],
       [ 6,  7,  8]])
array([ 5,  8])
```

**3. 修改维度**

**【代码 8-10】** 使用 reshape() 函数修改数组的维度，同时保持原数组的值不变。

```
1    import numpy as np                    # 导入 Numpy 库
2    data=np.ones((2,3))                   # 创建一个 2 行 3 列的数组
3    print(data)
4    data2=data.reshape(3,2)               # 修改维度为 3 行 2 列的数组
5    print(data2)
```

**代码说明：**

（1）代码第 2 行创建一个 2×3 的值为 1 的二维数组。

（2）代码第 4 行使用 reshape 修改数组维度为 3×2。

运行结果如下：

```
array([[1., 1., 1.],
       [1., 1., 1.]])

array([[1., 1.],
       [1., 1.],
       [1., 1.]])
```

### 4. 常用统计运算

Numpy 库中常用函数见表 8-2。

表 8-2    Numpy 库中常用函数

| 函　　数 | 功 能 描 述 |
|---|---|
| np.sum() | 按指定轴返回数组元素的和 |
| np.mean() | 按指定轴返回数组元素的平均值 |
| np.max() | 按指定轴返回数组元素的最大值 |
| np.min() | 按指定轴返回数组元素的最小值 |
| np.var() | 按指定轴返回数组元素的方差 |
| np.std() | 按指定轴返回数组元素的标准差 |
| np.argmin() | 按指定轴返回数组元素最小值的索引 |
| np.argmax() | 按指定轴返回数组元素最大值的索引 |

【代码 8-11】    Numpy 库中常用函数示例。

```
1     import numpy as np                         # 导入 Numpy 库
2     data=np.arange(1,7).reshape((2,3))         # 创建一个 2 行 3 列的数组
3     print(data)
4     print(data.sum())                          # 求 ndarray 中所有元素的和
5     print(data.sum(axis=0))                    # 按纵轴求和
6     print(data.sum(axis=1))                    # 按横轴求和
7     print(data.mean())                         # 求所有元素平均值
8     print(data.min())                          # 求所有元素最小值
9     print(data.max())                          # 求所有元素最大值
10    print(data.var())                          # 求所有元素方差
11    print(data.argmax())                       # 最大值 6 的索引
12    print(data.argmin())                       # 最小值 1 的索引
```

运行结果如下:

```
array([[1, 2, 3],
       [4, 5, 6]])
21
array([5,7,9])
array([6,15])
3.5
1
```

```
6
2.9166666666666665
5
0
```

# 任务 8.2　pandas 库

**【任务描述】**

pandas 是一个基于 Numpy 的 Python 库,是专门为了解决数据分析任务而创建的,通常用来处理表格型的数据集与时间序列相关的数据集。它提供了高效操作大型数据集所需的工具,纳入了大量的库和一些标准的数据模型,能快速、便捷地处理数据,是 Python 成为强大而又高效的数据分析工具的重要因素之一。

pandas 中有两个主要的数据结构 Series 和 DataFrame,其中 Series 是一维的数据结构,DataFrame 是二维的、表格型的数据结构。

**【任务分析】**

(1) 理解 pandas 库的作用。

(2) 掌握 Series 和 DataFrame 两种对象创建及操作方法。

(3) 掌握 pandas 读写数据基本方法。

## 8.2.1　Series 结构

**1. Series 创建**

Series(变长字典)是一个类似于一维数组的对象,能够存储任何类型的数据,主要由一组数据和与之相关的索引两部分构成。

pandas 的 Series 类对象可以使用以下方法创建:

```
Pandas.Series(data,index=index,dtype=None)
```

其中,参数 data 是传入的数据,可以是 ndarray、list、标量数据值等; index 是索引,必须唯一且与 data 的长度相同,如果没有给出 index,则系统自动产生一个 $[0,1,2,\ldots,\mathrm{len(data)}-1]$ 的整数索引。

**【代码 8-12】** 创建一个 Series 类对象。

```
1    import pandas as pd              # 导入 pandas 库
2    s=pd.Series([1,2,3])            # 传入列表,创建一个 Series 类对象
3    print(s)
4    # 创建一个 Series 类对象并为数据指定索引
5    s2=pd.Series([1,2,3],index=['a','b','c'])
6    print(s2)
7    # 使用 dict 字典转换为 Series
8    b_data={'a':1,'b':2,'c':3,'d':4}
9    s3=pd.Series(b_data)           # 使用字典创建 Series 对象
10   print(s3)
```

**代码说明：**

（1）代码第 1 行导入 pandas 库。

（2）代码第 2 行通过传入列表创建 Series 对象。

（3）代码第 5 行创建一个 Series 对象并为数据指定索引值为 1、2、3。

（4）代码第 8 行定义一个字典。

（5）代码第 9 行使用字典创建 Series 对象。

运行结果如下：

```
0    1
1    2
2    3
dtype: int64
a    1
b    2
c    3
dtype: int64
a    1
b    2
c    3
d    4
dtype: int64
```

**2. Series 操作**

为了能方便地操作 Series 对象中的索引和数据,该对象提供了两个属性 index 和 values,分别用于获取 Series 中的数据和索引。

**【代码 8-13】** 通过 index 和 values 分别获取 Series 中的数据和索引。

```
1    import pandas as pd              # 导入 pandas 库
2    b_data={'a':1,'b':2,'c':3,'d':4}  # 定义字典
3    s=pd.Series(b_data)             # 使用字典创建 Series 对象
4    print(s.index)                  # 获取 s 的索引
5    print(s.values)                 # 获取 s 的数据
```

**代码说明**：用户使用字典创建一个 pandas 的 Series 对象,通过 index 函数可以获取 Series 的索引值,通过 values 函数可获取 Series 的数据。

运行结果如下：

```
index(['a', 'b', 'c', 'd'], dtype='object')
array([1, 2, 3, 4], dtype=int64)
```

还可以用整数索引对 Series 切片,注意切片时右侧最大索引值是不包括在内的,这类似字符串的切片。在使用标签索引对 Series 切片时切片区间会包含右侧最大索引。

**【代码 8-14】** 使用整数和标签方式对 Series 切片获取数据。

```
1    import pandas as pd              # 导入 pandas 库
2    b_data={'a':1,'b':2,'c':3,'d':4}  # 定义字典
3    s=pd.Series(b_data)             # 使用字典创建 Series 对象
4    print(s[3])                     # 获取索引 3 对应的数据
```

```
5    print(s['b'])                      # 获取标签索引'b'对应的数据
6    print(s[0:2])                       # 使用整数索引切片
7    print(s[[0,3]])                     # 使用整数索引切片,右侧最大索引值是3
8    print(s['b':'d'])                   # 使用标签索引切片
```

**代码说明:**

(1) 代码第 3 行用户使用字典创建一个 pandas 的 Series 对象。

(2) 代码第 4 行使用整数索引 3 获取数据 4。

(3) 代码第 5 行使用标签索引 b 获取数据 2。

(4) 代码第 6 行使用整数切片的方式,从第 0 个索引向后取 2 个数据"a:1"和"b:2"。

(5) 代码第 7 行使用整数列表切片时,索引最大值因是从 0 开始,所以第 4 个元素的索引值只能到 3,取到数据"a:1"和"d:4"。

(6) 代码第 8 行使用标签索引切片,以标签实际值读取数据,标签 b 到标签 d 有三个数据。

运行结果如下:

```
4
2
    a    1
    b    2
dtype: int64
    a    1
    d    4
dtype: int64
    b    2
    c    3
    d    4
dtype: int64
```

## 8.2.2　DataFrame 结构

8-3

DataFrame 是二维的表格型数据结构,包含一组有序的列,每列可以是不同的数据类型。DataFrame 的结构也是由索引和数据组成的,它既有行索引也有列索引,可以将 DataFrame 理解为 Series 的容器。

### 1. DataFrame 创建

pandas 的 DataFrame 类对象可以使用以下构造方法创建:

```
pandas.DataFrame(data=None,index=None,columns=None)
```

参数说明如下。

(1) index 为行标签。

(2) columns 为列标签。

如果没有传入索引参数则会默认创建一个 0~N 的整数行和列索引。

【代码 8-15】 从数组 ndarray、list 列表、Series 的字典创建 DataFrame。

```
1    import numpy as np                  # 导入 numpy 库
```

```
2    import pandas as pd                          # 导入 pandas 库
3    d=np.array([[1,2,3,4],[4,5,6,7]])            # 创建数组
4    df=pd.DataFrame(d)                           # 使用数组创建 DataFrame
5    print(df)
6    # 使用数组创建 DataFrame,指定列索引
7    df=pd.DataFrame(d,columns=['a','b','c','d'])
8    print(df)
9
10   d={'a':[1,2,3],'b':[4,5,6],'c':[7,8,9]}      # 创建列表字典
11   df=pd.DataFrame(d)                           # 使用列表字典创建 DataFrame
12   print(df)
13   # Series 的字典创建 DataFrame
14   # 创建 Series 字典
15   d={'no1':pd.Series([1,2,3],index=['a','b','c']),
16    'no2':pd.Series([1,2,3,4],index=['a','b','c','d'])}
17   df=pd.DataFrame(d)                           # 使用 Series 字典创建 DataFrame
18   print(df)
```

**代码说明：**

（1）代码第 4 行用数组创建 DataFrame,行索引和列索引均系统默认从 0 开始。

（2）代码第 7 行创建 DataFrame,通过 columns 指定列索引值为 a、b、c、d。

（3）代码第 11 行使用列表字典创建 DataFrame,字典键会作为列索引。

（4）代码第 15 行、第 16 行使用 Series 字典创建 DataFrame,字典键值为列索引,同时通过 index 指定了行索引值。

运行结果如下：

```
     0    1    2    3
0    1    2    3    4
1    4    5    6    7

     a    b    c    d
0    1    2    3    4
1    4    5    6    7

     a    b    c
0    1    2    3
1    4    5    6
2    7    8    9

     no1    no2
a    1.0    1
b    2.0    2
c    3.0    3
d    NaN    4
```

**2. DataFrame 操作**

**1）获取数据**

可以把 DataFrame 理解为 Series 的字典,其中列的选择、增加以及删除等操作都和字典操作类似。

【代码8-16】 DataFrame列的选择、增加以及删除操作。

```
1   import numpy as np                              # 导入 numpy 库
2   import pandas as pd                             # 导入 pandas 库
3   # 创建 Series 字典
4   d={'no1':pd.Series([1,2,3],index=['a','b','c']),
5   'no2':pd.Series([1,2,3,4],index=['a','b','c','d'])}
6   df=pd.DataFrame(d)                              # 使用 Series 字典创建 DataFrame
7   print(df)
8   cl=df['no2']                                    # 通过列索引获取一列数据
9   print(cl)
10  df['no3']= [5,6,7,8]                            # 增加一个列
11  print(df)
12
13  # 使用 drop 删除,axis=1 删除指定一个列,axis=0 删除指定行
14  df.drop('no2',axis= 1)
15  print(df)
16  print(df['a':'c'])                              # 使用切片的方式选择行
17  print(df.loc[['a','c'],['no1', 'no3']])         # 同时选择指定多行与多列
18  print(df[df['no3']>6])                          # 筛选出 no3 列中值大于 6 的行
19  # 筛选出 no1 列中值大于 2 且 no3 列中大于 6 的行
20  print(df.loc[(df['no1']>2.0) & (df['no3']>6)])
```

代码说明：

(1) 代码第5、6行使用 Series 字典创建一个 DataFrame。

(2) 代码第8行通过列索引 no2 获取一列数据。

(3) 代码第10行向 DataFrame 增加一个列。

(4) 代码第14行使用 drop 函数删除指定的 no2 列。

(5) 代码第16行使用切片的方式,选择行索引 a 到 c 三行数据。

(6) 代码第17行使用 loc()方法,选择第 a 行和第 c 行两行的第 no1 列和第 no3 列两列数据。

(7) 代码第18行通过条件筛选出 no3 列中值大于 6 的行。

(8) 代码第20行使用 loc()方法设置筛选 no1 列大于 2 且 no3 大于 6 的行。应该注意的是,如果有多个筛选条件,条件之间要使用逻辑运算符与(&)和或(|)表示逻辑关系。

运行结果如下：

```
    no1   no2
a   1.0   1
b   2.0   2
c   3.0   3
d   NaN   4

a   1
b   2
c   3
d   4
Name: no2, dtype: int64

    no1   no2   no3
a   1.0   1     5
b   2.0   2     6
```

```
c     3.0      3       7
d     NaN      4       8


      no1     no3
a     1.0     5
b     2.0     6
c     3.0     7
d     NaN     8


      no1     no3
a     1.0     5
b     2.0     6
c     3.0     7


      no1     no3
a     1.0     5
c     3.0     7


      no1     no3
c     3.0     7
d     NaN     8


      no1     no3
c     3.0     7
```

2）数据排序

在数据处理中，数据排序也是一种常见的操作。pandas 既可以按索引排序，也可以按数据进行排序。sort_index()是按索引排序的方法，sort_values()是按值排序的方法。

【代码 8-17】 DataFrame 中数据排序。

```
1    import numpy as np                                    # 导入 numpy 库
2    import pandas as pd                                   # 导入 pandas 库
3    df=pd.DataFrame(np.arange(9).reshape(3,3),index=['c','b','a'])
4    # 创建 DataFrame
5    print(df)
6    print(df.sort_index())                                # 按行索引排序
7    print(df.sort_index(axis=1,ascending=False))          # 按列索引，降序排序
8    print(df.sort_values(by=1,ascending=False))           # 按列索引 1 值排序，降序排序
```

代码说明：

（1）代码第 3 行创建一个 3×3 的 DataFrame，并指定行索引为 c、b、a。

（2）代码第 6 行通过 sort_index()，按行索引值排序。

（3）代码第 7 行使用 sort_index()索引排序时，设置 axis 和 ascending 值进行按列索引，降序排序。

（4）代码第 8 行使用 sort_values，按列索引为 1 的这一列中的值排序，且指定排序为降序排序。

运行结果如下：

```
      0  1  2
c     0  1  2
```

```
b   3   4   5
a   6   7   8

    0   1   2
a   6   7   8
b   3   4   5
c   0   1   2

    2   1   0
c   2   1   0
b   5   4   3
a   8   7   6

    0   1   2
a   6   7   8
b   3   4   5
c   0   1   2
```

3) 常用统计

pandas 为我们提供了非常多的统计方法,见表 8-3。

表 8-3　DataFrame 常用统计函数

| 函 数 名 | 功 能 描 述 | 函 数 名 | 功 能 描 述 |
|---|---|---|---|
| df. sum() | 计算和 | df. var() | 样本值的方差 |
| df. mean() | 计算平均值 | df. std() | 样本值的标准差 |
| df. median() | 获取中位数 | df. cumsum() | 样本值累积 |
| df. max()、<br>df. min() | 获取最大值和最小值 | df. cummax()、<br>df. cummin() | 样本值累积最大值和累积最小值 |
| df. idxmax()、<br>df. idxmin() | 获取最大和最小索引值 | df. cumprod() | 样本值累积 |
| df. count() | 计算非 NaN 值的个数 | df. describe() | 对 Series 和 DataFrame 列计算汇总统计 |
| df. head() | 获取前 N 个值 | | |

【代码 8-18】　使用 groupby() 方法配合统计函数,可以对 DataFrame 数据进行分组统计。

```
1    import pandas as pd                              # 导入 pandas 库
2    data=pd.DataFrame({'k1':['one'] * 3 + ['two'] * 4,
3              'k2':[1, 1, 2, 3, 3, 4, 4]})           # 创建 DataFrame
4    print(data)
5    print(data.groupby('k1').mean())                 # 对列 k1 分组后列计算平均值
6    print(data.describe())                           # 输出多个统计指标
```

运行结果如下:

```
    k1   k2
0   one   5
1   one   5
2   one   2
3   two   3
4   two   3
5   two   4
```

```
6  two  4

k1   k2
one  1.333333
two  3.500000

      k2
count  7.000000
mean   2.571429
std    1.272418
min    1.000000
25%    1.500000
50%    3.000000
75%    3.500000
max    4.000000
```

### 8.2.3  pandas 读/写数据

在进行数据分析时,通常要分析的数据不是写入程序中的,而是通过数据处理存储在不同的文件、网页或数据库中。在需要进行数据分析时,针对不同的存储文件,pandas 提供不同的数据读取方式。

#### 1. 读/写文本文件

CSV 文件是一种纯文本文件,pandas 提供了 read_csv()函数与 to_csv()函数分别用于读取 CSV 文件和写入 CSV 文件。

函数 read_csv()语法格式如下:

```
pd.read_csv(filepath_or_buffer,sep=',', delimiter=None, header='infer', names=
None, index_col=None,...)
```

参数说明如下。

（1）filepath_or_buffer 表示文件路径。

（2）Sep 表示指定使用的分隔符,默认时“,”分隔。

（3）header 指定行数来作为列名,如果读取文件没有列名则默认为 0。

（4）names 用于结果的列名列表,如果文件不包含标题行,则该参数设置 None。

（5）index_col 用作指定行索引的列编号或列名。

函数 to_csv()语法格式如下:

```
pd.to_csv(path_or_buf=None, sep=',', na_rep='', columns=None, header=True, index=
True,...)
```

参数说明如下。

（1）参数 path_or_buf 表示路径。

（2）sep 表示指定使用的分隔符,默认时“,”分隔。

（3）na_rep 用于替换空值,如果不写,默认是空。

（4）columns 指是否保留某列数据,如果不写,默认为 None。

（5）header 指是否保留列名,如果不保存值为 False,默认值为 True。

（6）index 指是否保存行索引，如果不保存值为 False，默认值为 True。

【代码 8-19】 使用 read_csv()函数与 to_csv()函数，分别用于读取 CSV 文件和写入 CSV 文件。

```
1    import pandas as pd                          # 导入 pandas 库
2    # 读入文件 testData.csv,指定行索引值为 type 列的值
3    df=pd.read_csv(r'd:\data\testData.csv', index_col='type')
4    print(df)
5    # 创建 DataFrame
6    df=pd.DataFrame({'no1':['one'] * 2 + ['two'] * 2,
7                     'no2':[1,2, 3, 4],'no3':[10,20,30,40]})
8    # 将数据写入文件 testData.csv 中,不存储行索引
9    df.to_csv(r'd:\data\testData.csv',index= 0)
10   print(df)
```

文件 testData.csv 中的原始数据如图 8-1 所示。

|   | A | B | C | D | E |
|---|---|---|---|---|---|
| 1 | type | item1 | item2 | item3 | |
| 2 | A | 34 | 50 | 50 | |
| 3 | B | 39 | 50 | 50 | |
| 4 | B | 30 | 47 | 57 | |
| 5 | | | | | |

图 8-1 读入的 testData.csv 文件

使用 pandas 读取数据并打印运行结果为

```
        item1    item2    item3
type
    A    34       50       50
    B    39       50       50
    B    30       47       57
```

使用 pandas.to_csv()函数把生成的 DataFrame 写入新数据并打开文件如图 8-2 所示。

|   | A | B | C |
|---|---|---|---|
| 1 | no1 | no2 | no3 |
| 2 | one | 1 | 10 |
| 3 | one | 2 | 20 |
| 4 | two | 3 | 30 |
| 5 | two | 4 | 40 |
| 6 | | | |

图 8-2 写入新数据后的 testData.csv 文件

可以看到新数据被写入到指定路径文件里，testData.csv 文件里数据发生了改变。

2. 读写 Excel 文件

Excel 文件也是比较常见的用于存储数据的方式，pandas 提供了 read_excel()函数与 to_excel()函数，分别用于读写 excel 文件。

read_excel 函数的语法如下：

```
pandas.read_excel(io,sheet_name=0,header=0,names=None,index_col=None,usecols=
None,squeeze=False,dtype=None, ...)
```

参数说明如下。

（1）参数 io 为字符串，表示文件路径。

（2）sheet_name 表示工作表名称，默认为 Sheet1。

（3）header 指定作为列名的行，默认 0，即取第一行的值为列名，数据为列名行以下的数据，若数据不含列名，则设定 header＝None。

（4）Names 默认为 None，要使用的列名列表，如不包含标题行，应显示传递 header＝None。

（5）index_col 指定列为索引列，默认 None 列（0 索引）用作 DataFrame 的行标签。

to_excel 函数语法如下：

```
pd.to_excel(excel_writer, sheet_name='Sheet1', na_rep='', float_format=None,
columns=None, header=True, index=True, ...)
```

参数说明如下。

（1）参数 excel_writer 表示文件路径。

（2）sheet_name 表示工作表名称，默认为 Sheet1。

（3） na_rep 替换空值，如果不写，默认是空。

（4）columns 表示是否保留某列数据，如果不写，默认为 None。

（5）header 表示是否保留列名，如果不保存则值为 False，默认值为 True。

index 表示是否保存行索引，如果不保存则值为 False，默认值为 True。

【代码 8-20】 使用 read_excel()函数与 to_excel()函数，分别用于读写 excel 文件。

```
1    import pandas as pd                # 导入 pandas 库
2    # 创建 DataFrame
3    df=pd.DataFrame({'A':['a','b','c','d'],'B':[1,2, 3, 4],'C':[10,20,30,40]})
4    print(df)
5    # 将数据写入文件 extest.xlsx 中，不存储行索引
6    df.to_excel(r'd:\data\extest.xlsx',index=0,header=0)
7
8    # 读入 extest.xlsx 数据并显示
9    df=pd.read_excel(r'd:\data\extest.xlsx',names=['A','B','C'],header=None)
```

使用 pandas 创建 DataFrame 打印后运行结果为

```
     A     B     C
0    a     1     10
1    b     2     20
2    c     3     30
3    d     4     40
```

打开"D:\data"目录，会发现出现了一个名为 extest.xlsx 的 excel 文件，打开文件数据如图 8-3 所示。

3. 读取其他数据

pandas 除了具有以上的数据读写函数外，还提供了其他的如 html 表格数据读写函数 pd.read_html()、pd.to_

图 8-3 extest.xlsx 文件数据

html(),以及 MySQL、SQLite 数据库数据读写函数 pd. read_sql()、pd. read_sql_table()、pd. read_sql_query()、pd. to_sql()等函数,具体使用方法不再一一赘述,这些函数为 pandas 数据分析提供了方便。

# 任务8.3  Matplotlib 数据可视化

## 【任务描述】

数据可视化是数据分析的重要环节,借助图形能够更加直观地表达数据背后的含义。Matplotlib 库是 Python 用于绘制二维图形的函数库,功能非常强大,仅需几行代码,便可以绘制出直方图、条形图、散点图等数据图表。

## 【任务分析】

(1)掌握 Matplotlib 库的 pyplot 子模块常用方法。

(2)掌握常用图形绘制方法。

## 8.3.1  pyplot 子模块

微课 8-4

### 1. 安装 Matplotlib

在使用 Matplotlib 库前,需要先进行安装,其命令如下:

```
pip install matplotlib
```

### 2. 导入 pyplot 模块

安装完成后,只有导入 pyplot 模块才能使用,其命令如下:

```
import matplotlib.pyplot as plt
```

### 3. 图表常见标签

在绘图时可以为图形添加一些标签信息,比如标题、坐标名称、坐标轴刻度等。pyplot 模块中常用的该类函数见表 8-4。

表 8-4　图表添加标签和图例常用函数

| 函 数 名 称 | 说　　明 |
| --- | --- |
| plt. title() | 设置图表标题 |
| plt. xlabel() | 设置 x 轴标题 |
| plt. ylabel() | 设置 y 轴标题 |
| plt. xticks() | 指定 x 轴刻度的目数与取值 |
| plt. yticks() | 指定 y 轴刻度的目数与取值 |
| plt. xlim() | 设置或获取 x 轴的范围 |
| plt. ylim() | 设置或获取 y 轴的范围 |
| plt. legend() | 在图表上放置图例 |

通常在显示数据图表时 Matplotlib 默认不支持显示汉字,如要显示图表中的汉字标题,可以使用 pyplot 模块 rcPatams["font. sans-serif"]属性来设置。例如:

```
plt.rcParams["font.sans- serif"]=['SimHei']                    # 设置显示汉字,指定黑体
```

另外,由于字体更改以后,会导致坐标轴中的部分字符无法正常显示,这时需要更改 axes. unicode_minus 参数,具体代码如下:

```
plt.rcParams['axes.unicode_minus']=False
```

【代码 8-21】 绘制默认图表。

```
1    import matplotlib.pyplot as plt                    # 导入 matplotlib.pyplot
2    plt.rcParams["font.sans-serif"]=['SimHei']        # 设置显示汉字,指定黑体
3    import numpy as np
4    d=np.arange(0,1.1,0.01)
5    plt.title('图表标题')                              # 显示图表标题
6    plt.plot(d,d**2)
7    plt.plot(d,d**3)
8    plt.show()                                         # 显示图表
```

运行结果如下图 8-4 所示。

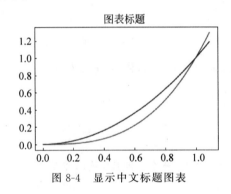

图 8-4    显示中文标题图表

【代码 8-22】 绘制添加了标签的图表。

```
1    import numpy as np
2    d=np.arange(0,1.1,0.01)
3    plt.title('图表标题')                              # 显示图表标题
4    plt.xlabel("x 轴标题")                             # 添加 x 轴标题
5    plt.ylabel("y 轴标题")                             # 添加 y 轴标题
6    plt.xticks([0,0.5,1])                             # 设置 x 轴刻度及值
7    plt.yticks([0,0.5,1.0])                           # 设置 y 轴刻度及值
8    plt.plot(d,d**2)
9    plt.plot(d,d**3)
10   plt.legend(["y=x^2","y=x^3"])                     # 添加图例
11   plt.show()                                         # 显示图表
```

运行结果如图 8-5 所示。

4. 显示绘制的数据图表

当数据图表绘制完成后,需要调用 show()方法显示所绘制的图表。需要注意的是,在 Jupyter Notebook 中绘图时,需要增加魔术命令％matplotlib inline。

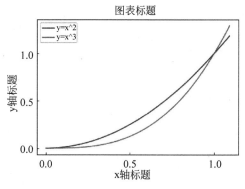

图 8-5　添加各类标签图表

## 8.3.2　绘制基本数据图表方法

matplotlib.pyplot 子模块可以绘制很多数据图表,其绘制基本图表的方法见表 8-5。

表 8-5　绘制基本图表方法

| 图 表 方 法 | 说　　明 | 图 表 方 法 | 说　　明 |
| --- | --- | --- | --- |
| plt.plot() | 绘制折线图 | plt.pie() | 绘制饼图 |
| plt.bar() | 绘制柱状图 | plt.scatter() | 绘制散点图 |
| plt.barh() | 绘制条形图 | plt.stackplot() | 绘制堆叠图 |
| plt.hist() | 绘制直方图 | | |

接下来,我们选择一些常用的函数举例,为大家介绍如何使用这些函数来绘制图表。

【代码 8-23】　绘制折线图。

```
1    import matplotlib.pyplot as plt          # 导入 matplotlib.pyplot
2    plt.rcParams["font.sans- serif"]=['SimHei']   # 设置显示汉字,指定黑体
3    plt.rcParams['axes.unicode_minus']=False
4    import numpy as np
5    t=np.arange(0.0, 2.0* np.pi, 0.01)        # 自变量取值范围
6    s=np.sin(t)                                # 计算正弦函数值
7    z=np.cos(t)                                # 计算余弦函数值
8    plt.plot(t, s,label='正弦')
9    plt.plot(t, z, label='余弦')
10   plt.xlabel('x-变量',fontsize=18)           # 设置 x 轴标签
11   plt.ylabel('y-正弦余弦函数值', fontsize=18)  # 设置 y 轴标签
12   plt.title('sin-cos 函数图像', fontsize=24)   # 标题
13   plt.legend()                               # 设置图例
14   plt.show()                                 # 显示图表
```

运行结果如图 8-6 所示。

【代码 8-24】　绘制散点图。

```
1    import matplotlib.pyplot as plt          # 导入 matplotlib.pyplot
2    import numpy as np
3    x=np.random.random(50)
4    y=np.random.random(50)
```

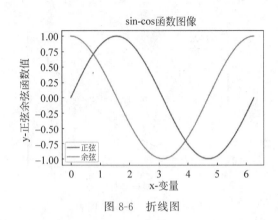

图 8-6    折线图

```
5    plt.scatter(x,y,s=x*500,c=u'g',marker='*')    # 绘制散点图,设置参数: s 指点大小,
                                                       c 指颜色,marker 指符号形状
6    plt.show()                                      # 显示图表
```

运行结果如图 8-7 所示。

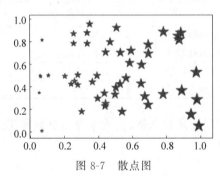

图 8-7    散点图

【代码 8-25】    绘制柱状图。

```
1    import numpy as np
2    import matplotlib.pyplot as plt    # 导入 matplotlib.pyplot
3    x=np.linspace(0, 10, 11)           # 生成测试数据
4    y=11-x
5
6    plt.bar(x, y)                      # 绘制柱状图
7    plt.show()                         # 显示图表
```

运行结果如图 8-8 所示。

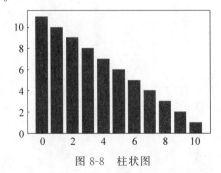

图 8-8    柱状图

　　**示例**：使用柱状图显示过马路的方式，在所有参与调查的市民中，对于三种过马路情况"从不闯红灯""跟从别人闯红灯""带头闯红灯"的调查结果人数见表8-6。

表 8-6　调查结果

| 性别 | 从不闯红灯 | 跟从别人闯红灯 | 带头闯红灯 |
|------|-----------|---------------|-----------|
| 男性 | 450 | 800 | 200 |
| 女性 | 150 | 100 | 300 |

**【代码 8-26】** 红绿灯调查数据分析。

```
1    import pandas as pd                          # 导入 pandas 库
2    import matplotlib.pyplot as plt              # 导入 matplotlib.pyplot
3
4    df=pd.DataFrame({'男性':(450,800,200),
5                     '女性':(150,100,300)})
6    df.plot(kind='bar')                          # 绘制柱状图
7    # 设置 x 轴刻度,并旋转刻度的文本
8    plt.xticks([0,1,2],['从不闯红灯', '跟从别人闯红灯', '带头闯红灯'],rotation=20)
9    # 设置 y 轴刻度
10   plt.yticks(list(df['男性'].values)+ list(df['女性'].values))
11   plt.title('过马路闯红灯调研',fontsize=18)     # 显示图表标题
12   plt.legend()                                 # 显示图例
13   plt.show()                                   # 显示图表
```

运行结果如图 8-9 所示。

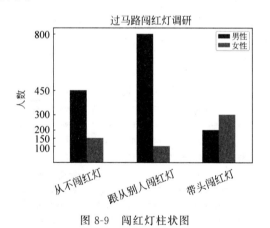

图 8-9　闯红灯柱状图

# 任务 8.4　股票分析案例

微课 8-5

**【任务描述】**

　　本案例通过调用财经数据接口包 Tushare,获得一个代码为 000651 的股票历史数据,通过数据分析绘制可视化图表,帮助投资人发现股票行情的走势,从而做出正确的投资。

**【任务分析】**

（1）理解数据分析基本操作。

（2）掌握数据统计运算方法。

（3）对数据分析结果绘制图形可视化。

## 1. 财经数据接口包 Tushare

Tushare 是一个免费、开源的 Python 财经数据接口包，可以用 pip 安装：

```
pip  install  tushare
```

获取某股票股价信息的函数如下：

```
Import  tushare  as  ts
ts.get_k_data(股票代码)
```

## 2. 获取的股票数据

通常包含开盘价（open）、最高价（high）、最低价（low）、收盘价（close）、成交量（volume）、股票代码（code）等指标。

【代码 8-27】  获取股票数据。

```
1    import pandas as pd                    # 导入 pandas 库
2    import numpy as np                     # 导入 numpy 库
3    import matplotlib.pyplot as plt        # 导入 matplotlib.pyplot 子模块
4    import tushare as ts                   # 导入 tushare 库
5    plt.rcParams["font.sans- serif"]=['SimHei']    # 设置显示汉字,指定黑体
6    plt.rcParams['axes.unicode_minus'] =False      # 设置正常显示负号
7
8    # 获取股票代码 000651,2020 年以来的历史股票数据
9    df=ts.get_k_data('000651',start='20200101')
```

运行结果如图 8-10 所示。

| | date | open | close | high | low | volume | code |
|---|---|---|---|---|---|---|---|
| 243 | 2021-01-04 | 61.80 | 62.90 | 63.33 | 61.60 | 549036.0 | 000651 |
| 244 | 2021-01-05 | 62.36 | 65.26 | 65.53 | 62.36 | 700889.0 | 000651 |
| 245 | 2021-01-06 | 66.00 | 64.07 | 66.78 | 63.69 | 521704.0 | 000651 |
| 246 | 2021-01-07 | 64.06 | 64.70 | 65.04 | 63.50 | 464751.0 | 000651 |
| 247 | 2021-01-08 | 64.96 | 64.70 | 66.37 | 64.00 | 499502.0 | 000651 |
| 248 | 2021-01-11 | 64.13 | 62.45 | 64.88 | 62.21 | 581829.0 | 000651 |
| 249 | 2021-01-12 | 62.10 | 63.66 | 64.08 | 62.09 | 447314.0 | 000651 |
| 250 | 2021-01-13 | 64.00 | 64.92 | 66.00 | 63.76 | 571627.0 | 000651 |
| 251 | 2021-01-14 | 65.02 | 63.12 | 65.57 | 63.00 | 447035.0 | 000651 |
| 252 | 2021-01-15 | 62.72 | 63.40 | 63.69 | 62.31 | 345372.0 | 000651 |
| 253 | 2021-01-18 | 63.00 | 63.76 | 64.20 | 62.60 | 383905.0 | 000651 |
| 254 | 2021-01-19 | 63.72 | 62.92 | 65.09 | 62.66 | 408454.0 | 000651 |
| 255 | 2021-01-20 | 62.79 | 61.00 | 62.85 | 60.89 | 608481.0 | 000651 |
| 256 | 2021-01-21 | 60.88 | 61.36 | 62.18 | 60.60 | 490763.0 | 000651 |
| 257 | 2021-01-22 | 61.30 | 60.23 | 61.50 | 59.75 | 568391.0 | 000651 |
| 258 | 2021-01-25 | 60.23 | 60.02 | 60.79 | 59.70 | 525077.0 | 000651 |
| 259 | 2021-01-26 | 59.80 | 59.00 | 59.80 | 58.60 | 463564.0 | 000651 |

图 8-10  获取的股票数据

### 3. 计算股票 5 日均线和 30 日均线

【代码 8-28】　创建 5 日均线和 30 日均线。

```
1    df['ma5']=np.NAN                       # DataFrame 中添加一个列'ma5',且设置为空值
2    df['ma30']=np.NAN                      # DataFrame 中添加一个列'ma30',且设置为空值
3    df['ma5']=df['close'].rolling(5).mean()       # 向下滚动 5 条记录,计算 5 日收盘价的
                                                     平均值
4    df['ma30']=df['close'].rolling(30).mean()     # 向下滚动 5 条记录,计算 5 日收盘价的
                                                     平均值
5
6    df[['close','ma5','ma30']].plot(figsize=(15,6))    # 绘制折线图,设置画布大小
7    plt.title('2020 年 000651 股票走势',fontsize=15)     # 显示图表标题
8    plt.show()
```

运行结果如图 8-11 所示。

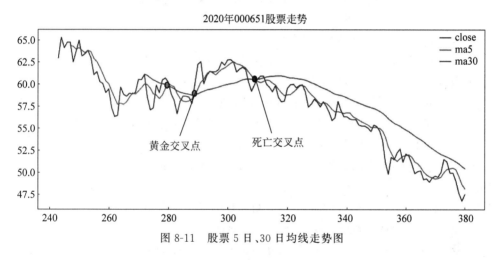

图 8-11　股票 5 日、30 日均线走势图

在股票分析中,当短期移动 5 日平均线从下向上穿过长期移动 30 日平均线时,其交叉点被称为黄金交叉点,出现黄金交叉点表明股票价格还有一段上涨空间,是买入股票的好时机。当下跌的短期移动 5 日平均线由上而下穿过长期移动 30 日平均线时,其交叉点就是死亡交叉点,表示股价将继续下跌,行情有继续下跌的趋势。

# 小　结

本章简单地介绍了在进行数据分析时用到的基本库以及 Numpy 和 pandas 两个第三方库,利用这些库提供的强大的功能函数,可以很轻松地获取数据并利用操作函数进行数据处理。同时也介绍了如何利用 Matplotlib 把分析后的数据可视化,让人们能更好地理解数据分析的结果。希望通过本章的内容,让读者能够了解基本的数据分析工具和可视化工具的用法,以便能够更好地学习数据分析。

# 习　题

## 一、选择题

1. Numpy 提供的基本对象是(　　)。

   A. List　　　　　B. ndarray　　　　　C. ufunc　　　　D. matrix

2. 下列不属于数组的属性的是(　　)。

   A. ndim　　　　B. shape　　　　　C. size　　　　D. add

3. 创建一个 3×3 的数组,下列代码中错误的是(　　)。

   A. np. arange(0,9). reshape(3,3)　　　　B. np. eye(3,3)

   C. np. random. random([3,3,3])　　　　D. np. mat("1 2 3;4 5 6;7 8 9")

4. 下列选项中,描述不正确的是(　　)。

   A. pandas 中只有 Series 和 DataFrame 这两种数据结构

   B. Series 是一维的数据结构

   C. DataFrame 是二维的数据结构

   D. Series 和 DataFrame 都可以重置索引

5. 下列选项中,描述不正确的是(　　)。

   A. Series 是一位数据结构,其索引在右,数据在左

   B. DataFrame 是二维的数据结构,并且该数据结构具有行索引和列索引

   C. Series 结构中的数据不可以进行算术运算

   D. sort_values()方法可以将 Series 和 DataFrame 中的数据按照索引排序

## 二、判断题

1. 如果 ndarray. ndim 执行的结果为 2,则创建的是二维数组。(　　)

2. Numpy 中可以使用数组对象执行一些科学计算。(　　)

3. pandas 中有两个主要的数据结构,分别是 ndarray 和 dataframe。(　　)

4. 可以使用 Python 已有列表创建一个 Series 对象。(　　)

5. pandas 执行算术运算时,会先按照索引进行对齐,对齐后再进行运算。(　　)

6. 在使用 Matplotlib 绘制图表时,需要导入模块。(　　)

7. 在使用 Matplotlib 绘制柱状图时,可以使用 pyplot 模块中的函数。(　　)

## 三、程序题

1. 创建一个数组,数组的 shape 为(5,0),元素都是 0。

2. 创建一个 DataFrame 对象结构见表 8-7,将表中的数据按 b 列排序。

表 8-7　DataFrame 对象结构

| a | b | c | d |
|---|---|---|---|
| 1 | 8 | 7 | 6 |
| 2 | 5 | 6 | 1 |

# 第 9 章

# PIL 库和图像处理

## Chapter 9

【学习目标】

(1) 了解 PIL 库。

(2) 掌握 PIL 库中的几个常见类中的方法。

(3) 综合运用 PIL 库进行基本的图像处理。

PIL 库是一个具有强大图像处理能力的第三方库,不仅包含了丰富的处理像素、色彩等操作功能,还可以用于图像归档和批量处理。

## 任务　掌握并运用 PIL 库

【任务描述】

运用 PIL 库完成图像的读取、创建、转换、保存、旋转、缩放、过滤和增强等操作。

【任务分析】

(1) 了解 PIL 库中的几个常见类。

(2) 运用 Image 类实现图像的读取和创建。

(3) 运用 Image 类实现图像的转换和保存。

(4) 运用 Image 类实现图像的旋转和缩放。

(5) 运用 ImageFilter 类实现图像过滤。

(6) 运用 ImageEnhance 类实现图像增强。

### 9.1.1　PIL 概述

PIL(Python Image Library)库是 Python 语言的第三方库,需要通过 pip 工具安装,安装库的名字是 pillow。

PIL 库支持图像存储、显示和处理,它能够处理几乎所有的图片格式,可以完成对图像的缩放、剪裁、叠加以及向图像添加线条、图像和文字等操作。

PIL 库主要功能是可以实现图像归档和图像处理。

(1) 图像归档:对图像进行批处理、生成图像预览、图像格式转换等。

(2) 图像处理:图像基本处理、像素处理、颜色处理等。

根据功能不同,PIL 库共包括 21 个与图片相关的类,这些类可以看作是子库或 PIL 库的模块,主要包括 Image、ImageChops、ImageColor、ImageDraw、ImageFilter、ImageEnhance、ImageFile、ImageGL、ImageFont 等。

本章将对 PIL 库中最常用的 3 个子库 Image、ImageFilter 和 ImageEnhance 进行详细介绍。

### 9.1.2　PIL 库的 Image 类

#### 1. 图像读取和创建

Image 是 PIL 库中最重要的类,它代表一张图片。在 PIL 中,任何一个图像文件都可以用 Image 对象表示。表 9-1 给出了 Image 类的图像读取和创建方法。

表 9-1　Image 类的图像读取和创建方法

| 方　　法 | 描　　述 |
|---|---|
| open(filename) | 根据参数加载图像文件 |
| new(mode,size,color) | 根据给定参数创建一个新的图像 |
| open(StringIO. StringIO(buffer)) | 从字符串中获取图像 |
| frombytes(mode,size,data) | 根据像素点 data 创建图像 |
| verify() | 对图像文件完整性进行检查,返回异常 |

通过 Image 打开图像文件时,图像的栅格数据不会被直接解码或者加载,程序只是读取了图像文件头部的元数据信息,这部分信息标识了图像的格式、颜色、大小等,因此,打开一个文件会十分迅速,与图像的存储和压缩方式无关。

【代码 9-1】　加载图像文件。

```
1    from PIL import Image
2    im=Image.open("自回避随机行走示意图.jpg")
3    print(im.format,im.size,im.mode)
```

**代码说明:**

(1) 代码第 1 行从 PIL 库中导入 Image 类。

(2) 代码第 2 行调用 Image 类的 open()方法加载当前目录下的图像,如图 9-1 所示,文件路径可以是全路径或相对路径,本例就采用了相对路径,把图像文件和程序放在了同一目录中。

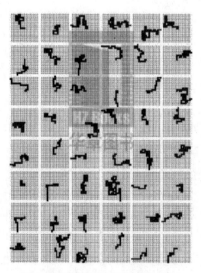

图 9-1　自回避随机行走示意图

（3）代码第 3 行查看刚读取的图像文件 im 的属性，输出值为 JPEG（466，620）RGB，Image 类的常用属性见表 9-2。

表 9-2　Image 类的常用属性

| 属 性 | 描 述 |
|---|---|
| format | 标识图像格式的来源，如果图像不是从文件读取，值为 None |
| mode | 图像的色彩模式，L 为灰度图像，RGB 为真彩色图像，CMYK 为出版图像 |
| size | 图像的宽度和高度，单位是像素(px)，返回值是二元元组(tuple) |
| palette | 调色板属性，返回一个 ImagePalette 类型 |

### 2. 序列图像操作

Image 类还能读取序列类图像文件，包括 GIF、FLI、FLC、TIFF 等格式的文件。使用 open()方法打开一个图像时会自动加载序列中的第一帧，使用 seek()和 tell()方法可以在不同帧之间移动，这两个方法的介绍见表 9-3。

表 9-3　Image 类的序列图像操作方法

| 方 法 | 描 述 |
|---|---|
| seek(frame) | 跳转并返回图像中的指定帧 |
| tell() | 返回当前帧的序号 |

【代码 9-2】　GIF 文件图像提取。

```
1    from PIL import Image
2    im=Image.open("timg.gif")
3    try:
4        im.save("picframe{:02d}.png".format(im.tell()))
5        while True:
6            im.seek(im.tell()+ 1)
7            im.save("picframe{:02d}.png".format(im.tell()))
8    except:
9        print("处理结束")
```

**代码说明：**

（1）上述代码展示了从一个 GIF 格式动态文件 timg.gif 中提取各帧图像，并保存为文件。

（2）代码第 4 行通过调用 tell 方法返回图像的当前帧序号，并用"picframe＋该序号的文件名"存储该帧图像，save 方法将在下面介绍。

（3）代码第 6 行通过调用 seek 方法把指针指向当前帧的下一帧图像。

（4）代码第 7 行的作用和第 4 行相同。

### 3. 图像转换和保存

Image 类的图像转换和保存方法见表 9-4。

表 9-4　Image 类的图像转换和保存方法

| 方　法 | 描　述 |
|---|---|
| save(filename,format) | 将图像保存为 filename 文件名,format 是图像格式 |
| convert(mode) | 使用不同的参数,转换图像为新的模式 |
| thumbnail(size) | 创建图像的缩略图,size 是缩略图尺寸的二元元组 |

其中,save 方法有两个参数,即文件名 filename 和图像格式 format。如果调用时不指定保存格式,PIL 将自动根据文件名 filename 后缀存储图像;如果指定格式,则按照格式存储。搭配使用 open()和 save()方法可以实现图像的格式转换。

【代码 9-3】　图像转换。

```
1    from PIL import Image
2    im=Image.open("自回避随机行走示意图.jpg")
3    im.save("自回避随机行走示意图.png")
```

代码说明:

(1) 代码第 2 行通过调用 open()方法加载图像。

(2) 代码第 3 行通过调用 save()方法把图像保存为 png 格式。

【代码 9-4】　生成缩略图。

```
1    from PIL import Image
2    im=Image.open("自回避随机行走示意图.jpg")
3    im.thumbnail((128,128))
4    im.save("自回避随机行走示意图 TN.png")
```

代码说明:

(1) 代码第 3 行通过调用 thumbnail 方法创建原始图像的缩略图,缩略图的尺寸为(128,128),创建的缩略图如图 9-2 所示。

(2) 代码第 4 行保存创建的缩略图。

图 9-2　自回避随机行走示意图的缩略图

4. 图像旋转和缩放

Image 类可以缩放和旋转图像,缩放图像和旋转图像的方法见表 9-5。

表 9-5　Image 类的图像旋转和缩放方法

| 方　法 | 描　述 |
| --- | --- |
| resize(size) | 按 size 大小调整图像,生成副本 |
| rotate(angle) | 按 angle 角度旋转图像,生成副本 |

其中,rotate()方法是以逆时针旋转的角度值作为参数来旋转图像的。

5. 图像的像素和通道处理

Image 类能够对每个像素点或者一副 RGB 图像的每个通道进行单独操作。像素和通道的处理方法见表 9-6。

表 9-6　Image 类的图像像素和通道处理方法

| 方　法 | 描　述 |
| --- | --- |
| point(func) | 根据函数 func 的功能对每个元素进行运算,返回图像副本 |
| split() | 提取 RGB 图像的每个颜色通道,返回图像副本 |
| merge(mode,bands) | 合并通道,其中 mode 表示色彩,bands 表示新的色彩通道 |
| blend(im1,im2,alpha) | 将两幅图片 im1 和 im2 按照如下公式插值后生成新的图像:im1 * (1.0 - alpha)+im2 * alpha |

参数说明如下。

(1) split()方法能够将 RGB 图像各颜色通道提取出来。

(2) merge()方法能够将各独立通道再合成一副新的图像。

操作图像的每个像素点需要通过函数来实现,可以采用 lambda()函数和 point()相结合的方式。

【代码 9-5】　像素和通道处理。

```
1    from PIL import Image
2    im=Image.open("自回避随机行走示意图.jpg")
3    r,g,b=im.split()
4    om=Image.merge("RGB",(b,g,r))            # RGB 模式,新通道为(b,g,r)
5    om.save("自回避随机行走示意图 BGR.jpg")
6    im=Image.open("自回避随机行走示意图.jpg")
7    r,g,b=im.split()
8    newg=g.point(lambda i: i* 0.9)
9    newb=b.point(lambda i: i<100)
10   om=Image.merge(im.mode,(r,newg,newb))
11   om.save("自回避随机行走示意图 Merge.jpg")
```

代码说明:

(1) 代码第 3 行通过调用 split()方法提取图像 im 的三个颜色通道,并存储在三个不同变量中。

(2) 代码第 4 行通过调用 merge()方法按照 RGB 模式,把新通道(b,g,r)进行合并,生成的图像如图 9-3 所示。

(3) 代码第 8 行表示在第 7 行提取图像的三个颜色通道后,使用 point()方法中的 lambda 函数对 g(绿色)通道中的每个像素进行操作,每个像素的颜色值变为原来的 0.9 倍,获得新的通道 newg。

（4）代码第 9 行的作用与第 8 行类似，使用 point()方法中的 lambda 函数对 b（蓝色）通道中的每个像素进行操作，选择颜色值低于 100 的像素点，获得新的通道 newb。

（5）代码第 10 行通过调用 merge()方法把新通道（r,newg,newb）进行合并，生成的图像如图 9-4 所示。

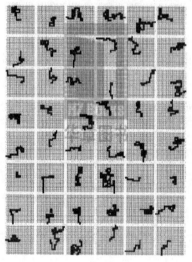 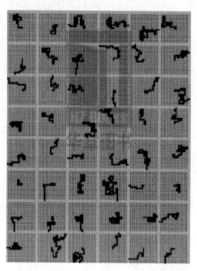

图 9-3　按（b,g,r）通道合并生成的图像　　　图 9-4　按（r,newg,newb）通道合并生成的图像

### 9.1.3　PIL 库的 ImageFilter 和 ImageEnhance 类

PIL 库的 ImageFilter 类和 ImageEnhance 类提供了过滤图像和增加图像的方法。

#### 1. 图像过滤

ImageFilter 类提供给了 10 种预定义图像过滤属性，见表 9-7。

表 9-7　ImageFilter 类的预定义过滤属性

| 属　性 | 描　述 |
|---|---|
| BLUR | 图像的模糊效果 |
| CONTOUR | 图像的轮廓效果 |
| DETAIL | 图像的细节效果 |
| EDGE_ENHANCE | 图像的边界加强效果 |
| EDGE_ENHANCE_MORE | 图像的阈值边界加强效果 |
| EMBOSS | 图像的浮雕效果 |
| FIND_EDGES | 图像的边界效果 |
| SMOOTH | 图像的平滑效果 |
| SMOOTH_MORE | 图像的阈值平滑效果 |
| SHARPEN | 图像的锐化效果 |

利用 Image 类的 filter 方法可以使用 ImageFilter 类，其语法格式如下：

```
Image.filter(ImageFilter.attribute)
```

【代码 9-6】 图像的轮廓获取。

```
1    from PIL import Image
2    from PIL import ImageFilter
3    im=Image.open("自回避随机行走示意图.jpg")
4    om=im.filter(ImageFilter.CONTOUR)
5    om.save("自回避随机行走示意图 Contour.jpg")
```

**代码说明：**

代码第 4 行调用 Image 类的 filter()方法，在方法中指定 ImageFilter 类的 CONTOUR 属性，获得图像的轮廓效果，生成的图像如图 9-5 所示。

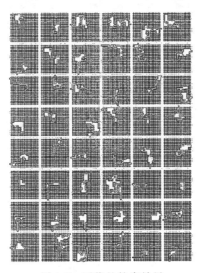

图 9-5　图像的轮廓效果

### 2. 图像增强

ImageEnhance 类提供了更高级的图像增强功能，如调整色彩度、亮度、对比度、锐化等。ImageEnhance 类提供的图像增强和滤镜方法见表 9-8。

表 9-8　ImageEnhance 类的图像增强和滤镜方法

| 方　　法 | 描　　述 |
| --- | --- |
| enhance(factor) | 对选择属性的数值增强 factor 倍 |
| Color(im) | 调整图像的颜色平衡 |
| Contrast(im) | 调整图像的对比度 |
| Brightness(im) | 调整图像的亮度 |
| Sharpness(im) | 调整图像的锐度 |

【代码 9-7】 图像的对比度增强。

```
1    from PIL import Image
2    from PIL import ImageEnhance
3    im=Image.open("自回避随机行走示意图.jpg")
```

```
4    om=ImageEnhance.Contrast(im)
5    om.enhance(20).save("自回避随机行走示意图 EnContrast.jpg")
```

**代码说明：**

（1）代码第 4 行通过调用 ImageEnhance 类的 Contrast()方法先指定要调整图像属性的新对象 om。

（2）代码第 5 行通过调用 enhance 方法调整新对象 om 的对比度是原始图像 im 的 20 倍，生成的图像如图 9-6 所示。

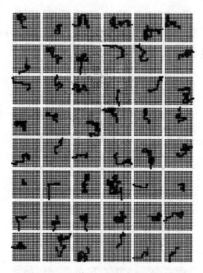

图 9-6　图像的对比度增强效果

# 小　　结

本章以图像处理的任务为主线，介绍了完成任务所需要的 PIL 库、Image 类及其方法、ImageFilter 类及其属性、ImageEnhance 类及其方法，把任务的实现贯彻在知识点的介绍过程中，在此过程中完成了图像的读取、创建、转换、保存、旋转、缩放、过滤和增强等任务。

# 习　　题

1. 通过 PIL 库打开并存储一个图像。
2. 采用 PIL 库将图像中的红色系去掉。

# 参 考 文 献

[1] 谷瑞,顾家乐,郁春江.Python 基础编程入门[M].北京:清华大学出版社,2020.

[2] 钱毅湘,熊福松,黄蔚.Python 案例教程[M].北京:清华大学出版社,2020.

[3] 翁正秋,张雅洁.Python 语言及其应用[M].北京:电子工业出版社,2018.

[4] 陈福明,李晓丽,杨秋格,等.Python 程序设计基础与案例教程[M].北京:清华大学出版社,2020.

[5] 黑马程序员.Python 快速编程入门[M].北京:人民邮电出版社,2017.

[6] 黄锐军.Python 程序设计[M].北京:高等教育出版社,2018.

[7] 刘凡馨,夏帮贵.Python 3 基础教程[M].2 版.北京:人民邮电出版社,2020.

[8] 杨智勇,廖丹.Python 程序设计微课版[M].北京:中国水利水电出版社,2020.

[9] 黄红梅,张良均.Python 数据分析与应用[M].北京:人民邮电出版社,2018.

[10] 黑马程序员.Python 数据分析与应用:从数据获取到可视化[M].北京:中国铁道出版社,2019.

[11] Magnus Lie Hetland.Python 基础教程[M].袁国忠,译.3 版.北京:人民邮电出版社,2018.

[12] 嵩天,礼欣,黄天羽.Python 语言程序设计基础[M].2 版.北京:高等教育出版社,2017.